人性

李尚龙　著

博弈

中国致公出版社·北京

图书在版编目（CIP）数据

人性博弈 / 李尚龙著 . -- 北京：中国致公出版社，
2024.10. --ISBN 978-7-5145-2289-1（2024.11 重印）

Ⅰ. B84-49

中国国家版本馆 CIP 数据核字第 2024QH7341 号

人性博弈 / 李尚龙　著
RENXING BOYI

出　　版	中国致公出版社
	（北京市朝阳区八里庄西里 100 号住邦 2000 大厦 1 号楼西区 21 层）
发　　行	中国致公出版社（010-66121708）
作品企划	乐律文化
责任编辑	王福振
特约编辑	梁　爽
责任校对	邓新蓉
装帧设计	幽鹿·山河 1015838109@qq.com
印　　刷	三河市嘉科万达彩色印刷有限公司
版　　次	2024 年 10 月第 1 版
印　　次	2024 年 11 月第 2 次印刷
开　　本	880 mm×1230 mm　1/32
印　　张	8.5
字　　数	147 千字
书　　号	ISBN 978-7-5145-2289-1
定　　价	69.80 元

前言
PREFACE

　　我想了很长时间，才决定花一些时间研究一个主题，并把我最近几年关于这个主题的阅读和研究的思考过程和结论分享给大家。

　　这个主题叫作"人性"。

　　我今年三十四岁，在我二十岁的时候，我坚信一件事：只要努力，就能有不错的收获。所以，我通过我的努力从体制内跳了出来，进入新东方，成为一名英语老师。三年之后，因为在线教育的兴起，我和我的几位合伙人纷纷从线下走到了线上，从影响一个班的几百位学生，到影响一个班的几万名学生。我也在二十四岁那年，通过努力写了我人生中的第一本书：《你只是看起来很努力》。这本书成了我的代表作，今天，它已经被翻译成十多个国家的语言，总销量超过三百万册。之后我在创作和创业的道路上勇往直前，一路高歌猛进。感谢我的努力，让我在三十岁前突破层层阻碍，一路向前。

可谁也没有想到，在一场突如其来的黑天鹅事件之后，我整个人的状态都发生了变化。

2020 年，我开始创业。先是创业失败，我被迫从原来的公司离职，又开了一家新的公司。接着，我看着我的公司从几十个人慢慢缩减到几个人，最后几乎所有的人都离开了我，只留下一位曾经在创业初期出过钱的小伙伴，以及两起仲裁案和一起官司。

其中一位发起仲裁的人，还是我亲手招进来的助理。我深夜无眠，突然明白：无论你曾经对他多好，给过他多少优待，只要你突然有一个月发不起工资，他的脸上就带上了恶意。换句话说，你请他吃一顿饭，他会感谢你；请他吃两顿饭，他会给你个微笑；请他吃一百顿饭后，他会觉得这是你应该做的。等你突然没请他吃饭了，他就会大怒："你为什么不请下去！我都习惯了！"

那几个同事，我们也都没有再联系过。是的，不做同事，连朋友也做不了了。我还记得我在创业初期过生日的时候，身边七八十人，好几个房间都装不下。当我宣布创业失败时，我的三十三岁生日是自己一个人在海边度过的，只有寥寥几个朋友给我发来祝福短信。与此同时，我的创作也越来越糟糕，我开始写不出东西了。

因为我的底层逻辑在三十岁后被震撼乃至颠覆了，过去根深蒂固的想法放到今天竟然都行不通。比如我这么努力，每天废寝忘食，见那么多人，谈那么多合作，从来没有睡过一次懒觉，还热衷于锻炼身体、读书。为什么创个业，还是在这个鼓励自由创业的时代里，会摔得我痛不欲生？

我开始明白，我低估了人性。当你作为一个超级个体，你只需要让自己变得更好、更善良；但当你开始创业，开始接触团队，你就必须知道这不是你一个人的事情。所以，你更需要了解人性。

在我三十岁那年，我完成了我的另外一本畅销书，叫《三十岁，一切刚刚开始》。我想鼓励自己，过去获得的成就没什么值得夸耀的，我还需要继续努力。但谁也没有想到，在这个我以为要扬帆起航的三十岁里，我的磨难和痛苦才刚刚开始——这倒也是另一种呼应——我经历了朋友的背叛、合伙人的出走，也经历了爱情里的欺骗、亲人的病重……这使我感到无比的孤独，我常常一个人喝得酩酊大醉，坐在楼下痛哭，因为我深夜归家时竟发现自己忘记了带钥匙。我辗转反侧，不知所措。我痛骂人性的险恶，甚至很长一段时间里，我害怕见人。

我生命转折的出现是因为我遇到了一位很厉害的投资人，他就是橙啦 App 的创始人张爱志。张爱志跟我喝了一顿酒。他说："你把你剩余的业务放到橙啦来做吧，你太不容易了，看着你又当爹又当妈太痛苦了。"于是我把我仅存的业务和人脉全部放进了橙啦 App，把我还剩几个人的团队放到了这个几百人的大团队里。我如释重负，因为不用管人、不用管钱的生活太轻松了！我开始有了很多反思的时间。我也很感谢爱志对我的帮助。有一天，我问他为什么要帮我，他笑了笑说："我早期投了你几百万，可不能打水漂。"

唉，我还是对人性了解太浅。

2023 年，我又完成了两本书的创作，每一本的销量都非常好，在各大排行榜排前几名。这两本书分别叫作《长大就是边走边选》和《远离消耗你的人》。这两本书都是我疫情期间生活的真实写照。但读者们不知道的是，我在写这两本书的时候，脑子里一直有一个词在晃着，它总是在夜深人静的时候冒出来，到了早上又会消失不见，这个词就是"人性"。

思量许久，我终于斗胆用三十堂课近十五万字的书稿跟各位分享，什么才是人性。我想讲透这个主题给你听，如果你也刚进入社会，或者不得不和很多人打交道，那么你必须了解人性，这样才能少走弯路。这是我的血泪史，是我用无数的经历和经验总结出来的东西，也是我过去很长一段时间阅读、思考、写作的结晶，我将毫无保留地把它们分享给你。这也是我三十四岁之后对人生最大的感悟：人生不能只有努力，你还必须洞察人性，了解世间万物的规律，才可能立于不败之地。

如果说三十岁之前，你更需要的是努力，那么三十岁之后你必须明白该如何选择。比如我在创业初期，如果选择合伙人的话，前提条件是每个人都要出资；那后面再遇到挫折时，散伙的可能性将减少很多。再比如我在遇到挫折的时候，如果不发朋友圈诉苦，不自怨自艾，就不会有那么多人落井下石。因为一个弱者往往没有太多被怜悯的机会，这个世界对强者可能更加宽容，原因是他们本来就强。而对弱者，你的一次哭泣都能成为你失败的证明，因为人性的底层逻辑对弱者往往是残忍的。

再比如，你经常会纠结一个人说的话到底是真的还是假的。但当你明白了人性的本质，你一定会形成一个思维模型：要么证实，要么证伪，要么存疑。而一个人长大后真正的变化，就是不再执着地去追求一件事情的真和假，而是可以包容真假之间的模糊度。这些都是我在三十岁之后的挫折与思考中领悟的道理。这是每个人都需要懂的道理，我希望你可以不用经历我的挫折与磨难，就能领会生活的真理。为此，我查了很多实验，同时结合我的真实经历，把这门人性之课分成了六个章节，一一讲述给你听。

第一章我想让你初步了解人性。了解人性，才能不走弯路。我会跟你分享五个著名的实验，这五个实验是我从几百个实验中筛选出来的，是关于人性本质的实验。你看得越透，思考得越深刻，对人性背后的逻辑就会理解得越清晰。

第二章我要跟你分享人性中的善良与邪恶。当你开始了解人性，你就会知道，可能你的一句话或一个动作，就能勾起别人的恶意，也有可能你的一句话或几句话就能唤醒他人心中的善念。

第三章我会运用人性，跟你分享处理好人际关系的底层逻辑。我们大多数人的痛苦都来自人际关系，来自父母、家人、孩子，以及朋友、同事等。他们看似是陪着你成长的人，实则可能是消耗你的人。可当你从人性的角度开始去思考这些相处背后的逻辑时，一切就会变得清晰。他为什么跟你分手？他为什么爱上别人？他为什么会 PUA 你？他为什么会在你面前显得那么没有教养，而在别人面前又是另一个模样？当你开始用人性来理解对方的行为，你会发现这个世界简单了许多。

第四章我要跟你分享怎样用人性实现爆炸式的认知成长。

我会带你一起去思考：我们该如何防止被洗脑？我们在创业过程中应该怎样更好地与人合作，更好地让别人帮助你？我们面对恐惧和痛苦时该怎么办？处理这些问题的底层逻辑，就是你实现认知爆炸式增长最重要的逻辑。可惜，我过了三十岁才悟出来。

第五章我要带你看透人性的真相，因为只有这样，你才能从容地生活。为什么你会自卑？为什么别人不尊重你？怎么让人不讨厌你？如何让别人爱上你？怎么面对自己的习得性无助？只有解决这些问题，你才能真正轻松地生活。

第六章我要跟你分享如何利用人性成事。是的，我想我是一个正能量的作家，虽然我的人生的确遇到了许多毁灭性的挫折，但好在我总能找到解决问题的方法。就以这本书来说，我在书中跟你分享了很多你可能不愿意面对的东西，但我并不是教你"玩诈"，而是希望你在了解人性之后，可以利用人性成事。当你意识到人一定是懒惰的，人性一定是贪婪的，这时你就一定不会逼迫自己延迟满足，而是在延迟满足的路上为自己设计一些及时满足的乐趣。当你知道自己的学习效率非常低，你的孩子每天的学习效果也很糟糕时，你就应该让自己和孩子的学习过程多一点正向反馈。有时候你会发现，只要把学到的内容讲出来，学习的效率就能提高很多。

　　有人问，人性到底是善还是恶呢？我无法在这一本书中给你绝对的答案，因为中国人说"人之初，性本善"，而西方人说"人性本身带有原罪"。对于我们来说，人性是可以在了解它、懂得它之后，让我们有一天能够掌控它、选择它的，这才是我写这本书最主要的目的。

　　只有了解了人性，才能更好地成事。我经常说，所谓正能量，并不是一味地宣扬这个世界的美好，而是当你见过世间丑恶后，依旧坚定地相信美好。

　　为了创作这本书，我准备了很长时间，夜以继日，疯狂地查资料、读书、写稿。可能你在学习的过程中会有一些观念的颠覆，觉得难以接受，但请你阅读时思考一下：生活中有没有类似的案例？我是怎么处理的？这本书告诉我应该怎样去处理？我能够从中获得什么？

　　希望大家能够喜欢这本书，也希望这本书能够帮助更多的人。

目录
CONTENTS

第一章

理解人性，才能不走弯路

斯坦福监狱实验:
身份对人有多重要?

小时候我常听老人说:**人生在世,处事的第一要义就是在每个场合中认清自己的位置。**所谓认清位置,就是弄明白在这件事情里,你是主角还是配角?你是中心还是陪衬?这就是身份。清楚身份,就是清楚什么样的人该说什么样的话,什么地位的人该做什么样的事。儒家讲究"君君,臣臣,父父,子子",西方文化中也讲究上下阶层。

身份这个东西很大程度上就是我们面对这个世界的"有色"眼镜,虽然它在很多场合中很实用,甚至很必要,但也会让我们鼠目寸光。

因为这种有色眼镜会让你看世界时带着偏见,而这种偏见会让你失去很多见证人性本质的机会。我时常去一些大学中做签售,学校的老师可能很多都听说过我,但从来没有见过我。他们见我第一面时总是问这样一句话:"你为什么这么年轻啊？"但其实，他们应该知道我已经三十好几了，算不得年轻，但他们为什么会说这样一句话呢？那是因为我从来不穿西装、不打领带，也没有把头发梳成"大人模样"。但是他们不能理解一个作家、一个老师怎么可以不穿西装、不打领带呢？但换个角度去想，这不正因为我的专业知识足够扎实，没有必要通过外在的东西来包装自己吗？

我第一次去一所高中做演讲的时候，是新东方的领导安排我去的。我刚过去就听到那边的校长打电话给我们领导说："你找一个看上去像老师的人来啊！"这个电话是当着我的面打出去的，好在因为出差距离太远，也没有哪位同事能快速飞过来替换我，最后还是由我上场。但当我讲完后，校长呆住了，跟我说："李老师，有机会您再来。"

人们经过大量实验，发现一个更加令人毛骨悚然的事情：当一个人进入某个行业，或者穿上某种衣服，拥有了某种身份时，他会潜移默化地按照那种身份的要求去思考，去做那个职业需要他做的事情。比如：你穿着保安服，就想去维持治安；你手里拿着锤子，看什么都是钉子。

我记得小时候，我们班有一个学习成绩特别差的同学，总是捣乱。他今天揪一下女生的头发，明天把脚放在课桌上。他上课从来不听讲，长期扰乱课堂纪律。老师请了好几次家长，但他的家长要么不到，要么偶尔去了一次，孩子被教育后好个一两天，之后又变成那个调皮捣蛋的家伙了。

可是你猜这个孩子是什么时候突然变好的呢？是当老师用了一个"大招"的时候：老师让他做纪律委员，管理班级纪律。一开始他管纪律的时候，所有人都觉得可笑。随着老师正式给他颁发了一个纪律委员的臂章，并当着全班同学的面宣布他是纪律委员，那一瞬间，他所有的行为都发生了变化。让我印象特别深的是，有一次我上课偷偷说话，他很严肃地说了一句："李尚龙，不要再说话了。"我当时心想，这前几天话最多、话最密、每天违反课堂纪律的人不就是你吗？那时，我模模糊糊有所感觉，这就是人性：身份对一个人行为的影响真大呀！

接下来我要跟你分享一个实验，这个实验发生在 1971 年的夏天。斯坦福大学有一位心理学家名叫菲利普·津巴多，他和他的同事们在大学地下室里搭建了一个模拟的监狱，然后征集了 24 位跟你我一样、心智正常、身体健康的志愿者参与一场实验，承诺每人每天可以获得 15 美元的报酬，但是有一个要求，就是必须坚持 14 天。

实验正式开始。志愿者被随机分成两个部分，有一半——也就是 12 个人——充当狱警，另外 12 个人充当囚犯。请注意，他们并不是真的狱警和囚犯，他们跟你我一样，都是普通人，但实验开始后，他们穿上了不一样的衣服，换上了不一样的身份。整个实验过程充分模拟了现实中人们进入监狱的流程："囚犯们"被警车押送到监狱，警车当然也是模拟的，他们进入监狱之后，被搜身，脱光衣服，清洗消毒，穿上囚服，双脚还戴上了脚镣。一开始大家的情绪都特别高昂，把这当成了一场有趣的游戏。但随着实验的进行，志愿者很快进入了警察和囚犯的身份。和真实的监狱类似，囚犯在这座"斯坦福监狱"里不能自由活动，三个人住一个小隔间，只能在走廊里放风。

接下来的操作开始升级，每一个人都被剥夺了姓名，只有一个编号。充当狱警的志愿者没有经过任何培训，只是莫名其妙地穿上了一身警服，但自此他们的思考和行为方式却开始发生变化。接着，他们被告知他们可以做任何维持监狱秩序和法律的事情，至于什么是监狱秩序和法律，没有人知道。

狱警三个人一组，每组看管八个小时，三组轮换。第一天白天，大家还有说有笑。到了晚上，狱警突然在半夜吹起床哨，让囚犯起来排队，这个行为没有任何的实验设计者参与。而这个狱警之所以要这么做，就是要验证自己的权威是否已经被树立在充当囚犯的志愿者心中了。可是，很多人显然没有适应这样的环境，于是有些囚犯在睡梦中被迫起床集合时晚了。这时，这些狱警开始惩罚囚犯，并且命令他们做俯卧撑，甚至为了增加惩罚力度，他们还骑在囚犯的身上，一些人还叫着好。

第二天一早，囚犯们开始抗议。他们反抗的方式也很有趣：把监狱的小隔断给打通了，用床堵着，不让狱警进来。这时狱警好像也进入了角色，他们非常气愤，甚至认为是上一轮值班的狱警对囚犯们太仁慈，导致他们的威严受到了挑战。他们奋力撞门，用灭火器喷射囚犯。他们闯进了隔间，扒掉了囚犯的衣服，甚至把带头的人抓起来关禁闭，以恐吓其他囚犯。接着，其中一个狱警很快意识到三个人无法很妥善地管理九个囚犯，于是他们找到反抗行为最轻微的三个人跟他们说："我们可以让你们吃好穿好，甚至会对你们更好。"接着把他们单独安置进了一个隔间里。半天之后，他们回到了监狱中。这一举动，一下子把这些囚犯分化开来。

可是所有这些听起来很有意思甚至很有战略头脑的做法，明显已经忽略了一个现实：他们并不是真的狱警和囚犯，他们只是志愿者。

就这样，囚犯之间产生了矛盾。到了第三天，已经有一个囚犯精神崩溃，教授不得不释放了他。

从此之后，这个监狱中的种种行为开始变得越来越疯狂。狱警经常不让囚犯们休息，还让他们去做一些卑贱的工作，并且想出各种方法来惩罚他们：有时候不让他们睡觉，有时候不让他们上厕所，甚至不让他们清理厕所，让整个厕所的臭气充斥在囚室里。

后来，一个编号为819的志愿者犯了重病，但他们竟然想尽一切办法不让这个819号囚犯脱离实验。他们甚至对教授说："他不能走，因为他要证明自己不是一个坏囚犯。"教授说："你们有点太过分了，他不是819，他是有名字的。"这时狱警志愿者中才有人恍然大悟，让他离开了模拟监狱。就这样，这个实验已经持续了五天。在这五天里，狱警对囚犯的惩罚，每天都在变本加厉。实验组织者甚至从录像中发现，夜间，狱警往往会对囚犯更加残暴，甚至用各种龌龊的方式来折磨囚犯。

这场实验在进行到第六天时，终于被终止了。之所以被终止，是因为当时有另一位教授，在录像中看到了其中一个囚犯脑袋上套着袋子，看不见东西。而另外所有囚犯的脚镣被连在一起，在狱警们的喝斥声中，在厕所里跑来跑去。那位教授吓坏了，忙说："你们不能这样虐待志愿者。"在其强烈反对下，这场实验停止了。

这时问题来了，为什么连组织实验的教授也陷入自己的角色无法自拔？因为他在看到这一幕幕如同真实发生在监狱中的场景之后，自己也变成了维持监狱秩序的法官。是的，他也进入了身份里。**这场实验被称为"斯坦福监狱实验"，也有人以实验组织者为其命名，称之为"津巴多实验"。**

我在听完这个实验的介绍之后，在网上查到了这位知名的斯坦福大学教授津巴多的照片。这位大学教授温文尔雅、西装革履，看起来就像是一个文质彬彬的友善之人。那他是怎么一步步允许这样残暴的统治状态进行了整整六天的呢？答案只有一个，就是"身份"在莫名其妙地起作用。每个人一旦被身份束缚，那么他就只能看到一样东西，就是他的身份要求他看到的东西。

我特别喜欢一部叫《飞越疯人院》的电影。小的时候我看它，特别痛恨其中的护士长，因为她视人命如草芥，从而导致了那个年幼的孩子割腕自杀。可是你仔细想一想，她到底代表的是她自己，还是她穿着的那身衣服，也就是她所谓的身份呢？

有这样一句话：一个精神病人很容易被识别，一群精神病人不容易被发现。但如果一群精神病人里有一个正常人，那么这个正常人往往会被当成精神病人。

说回身份：不同身份的人讲的话，哪怕是一样的，但"分量"完全不一样。我经常跟很多人讲，你要努力，要奋斗，有很多人能听进去，因为努力奋斗在我身上真真切切地起了作用。而我作为一个所谓的社会成功人士，所谓的名人，某些时候我的"分量"确实比一般人要重一些。但如果是你们班学习成绩最差的同学，跟你说要努力学习，难道就不对吗？这句话是没有问题的，但好像从他的嘴巴里说出来就产生了问题，这就是因为身份在起作用。同样一句话，很多人去说，虽然正确，却免不了人微言轻。我曾经听过一次尼克·胡哲的演讲，说实话我现在已经记不起他说了些什么，只记得当时他说的每句话都让我很感动。尼克·胡哲出生时只有一只不完整的脚，没有手，却还能活得那么乐观，那时他讲什么都不重要了，他能够勇敢地站在那里，他讲的任何话对于听众来说都是励志的。

人的本性如此，我们往往会特别认真地倾听那些位高权重或者有身份的人的话，而往往忽视身边那些地位低、没有特定身份的人的话。就比如我们去看医生，医生说你要少吃糖，要多锻炼，你会将其视为金玉良言，尤其是当你花了不少钱请了医生跟你说这些话时。但是当你的孩子、你的父母、你的朋友跟你讲少吃糖，多锻炼身体时，你可能就不会在意，因为他们没有医生这个身份，他们的劝告对你来说并没有足够的分量，哪怕他们也对你的现实情况提出了正确的建议，但因身份不对，也会使效用缩水。

　　这给我一个非常重要的启发，那就是你**永远不要给人免费的意见**。当你给别人免费的意见的时候，他会觉得你的这个意见并没有价值，并不重要，甚至有可能因为违背对方的想法而被嫌弃。这是因为当你免费给别人提供意见时，你就被安在了"免费"这个身份里无法自拔。

　　所以，一个人走进社会后，要学会拥有自己的身份，同时也要学会跳出身份看对方讲的话是否属实。

　　可是丢掉有色眼镜谈何容易？对此我有一个方法，希望对你有所帮助。每次我在听一个人讲话的时候，我都会思考，假设他并不是这个身份，我会认真听他说话吗？我曾经遇到过一位非常知名的演员，他演过很多重量级的角色，他每次讲话的时候，全场鸦雀无声，都在听他说话，感觉他说的每句话都对。可我闭上眼睛思考了一个问题：他讲的这些话对吗？这时我才惊讶地发现，他讲的话虽然涉及天文学、宇宙学知识，但这些知识多半是他从抖音上刷到或者只是他猜想的，虽然他德高望重，但是我能确定他说的有些话确实是错的。同理，当你面对的是一个没有什么特殊地位的普通人，他讲的话就一定没有价值了吗？其实不是，这时你也应该摘掉有色眼镜，去想想看假设他并不是现在这样的身份和地位，他讲的话对吗？是不是有参考价值？

每个人都有不同的身份，而很多人就是因为被禁锢在自己的身份和认知里，最后忘记了这个世界还能有如此多美好的解释和这么多种可能。

斯坦福监狱实验给了我很多启发。除了身份之外，它还告诉我们，有时候环境也能左右一个人的行为。请思考一下，假设他们并不是处在一个模拟监狱里，而是在一个普通两居室中。这种霸凌行为还会存在吗？

假设这其中有一个狱警突然意识到他们是在做实验，牢笼里的人不过是普通人，他们的霸凌行为是无意义且邪恶的，并在其他狱警实施霸凌的时候上去制止，这个实验还能继续下去吗？

关于这个实验，还有无数的想法和可能。后来津巴多根据实验过程写了一本书，叫作《路西法效应：好人是如何变成恶魔的》。其实这背后还有一个更深刻的逻辑，那就是从众。

这也关系到下一节我要分享的另外一个实验——阿什实验，它专门研究：人在群体压力下是如何从众的？人什么时候会失去自我？

在你的生活里，你有没有因为对方的身份地位过高而错误地相信他所说的话？用实际案例来说明。

阿什实验：
人什么时候会从众？

在分享第二个实验之前，我先讲一下主题词：从众。

这些年，网上越来越多人在说从众的"坏话"了，但真实情况是，人必须要从众，因为在原始时期，那些不从的人、落单的人、被驱逐出部落的人，要么被野兽吃掉了，要么在风餐露宿中失去了生命，他们的基因没能留存下来。而繁衍至今的我们，基因里本身就藏着"从众"两个字。从众对我们太重要了。

重要的是，我们要搞清楚人什么时候会从众？什么是盲目从众？从众一直都是好的吗？

我们大概都曾听过一句话：真理往往掌握在少数人的手里。对此我想问你一个问题：金钱、权力、地位，是掌握在少数人的手里，还是多数人的手里呢？

当然是少数人。因为如果它们被掌握在多数人的手里，那大家为什么还追求它们呢？"躺下来"做一个多数人不就可以了吗？所以，如果你想变得与众不同，想要成为一个优秀的人，尤其是想要做出点成就，还是建议你少从众，多听从自己内心的想法，走少有人走的路，不合不该合的群。

可是从众太容易了，而要做到"独特"则很难，其原理就不得不提到"阿什实验"。

在讲阿什实验之前，我想先分享一件我亲身经历的事情：我第一次跑马拉松是一个品牌赞助我去的，在此之前我没有进行过锻炼，于是我混在人群中，因为听别人说跟在人群中可以跑得更远。当听到枪响的时候，所有人都慢慢地起跑。这个时候就有一些人开始起哄——起哄的确能够帮助我们振奋起来。我听到很多人大声地呼喊"加油""冲刺""跑起来"，我也在人群中跟着他们呼喊，顿时感觉浑身充满了力量。这时我想起一句话："一个人可以走得很快，但一群人可以走得更远。"那一刻，那种集体感涌上了我的心头。这时，我突然听到一个人喊了一句话，这句话虽然很莫名其妙，但周围所有的人都跟着喊了起来。可是这句话有什么意义呢？我并没有喊而是开始思考。这时，我身旁的小伙伴推了我一下，说："你怎么不喊呢？"我问他："跑马拉松跟喊这句话有什么关系？我们跑我们的就好了。"他看了我说："你真不合群。"我当时也乐了，一边跑一边乐。我那天跑得很慢，因为脑子里面一直在思考这件事儿。为什么这么多人会毫无理由地集体呼喊一句莫名其妙的话呢？

直到我了解了"阿什实验"。

阿什实验是一个非常著名的实验，于1951年进行，那个时候还没有所谓"合群"的概念。这个实验所研究的，是人在面对群体压力时的从众行为，也就是人在什么时候会失去自我。实验者名叫所罗门·阿什，实验就是以他的名字来命名的。

实验中，被试者被要求执行一个很简单的任务，就是比较线段的长度。这是一个简单到没有任何知识基础的人都能做出判断的测试。被试者会看到一个目标线段，这个线段清晰可见，每个人都能看清它的长度；然后他们会看到三个比较线段，有短的，有跟目标线段一样长的，有比较长的。被试者被要求大声说出哪一根比较线段和目标线段的长度是相同的。

我们独立做判断时，答案显而易见，是中间那根。但请记住，刚才的要求中有一部分非常重要，叫"大声说出"。因为"大声说出"就和我跑马拉松时众人喊的那句话一样，是为了获得认同感。

但即便如此，达到要求也不难，只不过实验有一个陷阱，就是每一个小组中只有一个真正的被试者，其他人都是实验者的同事。这些同事在被试者还没有给出答案之前一致喊出错误答案，而真正的被试者被安排在最后或者倒数第二个回答。在这个实验中，每组七个人，在六个人或者五个人的干扰之后，被试者还能保持独立判断吗？实验结果是：有 20% ～ 25% 的人保持了独立性，没有发生从众行为；从众行为的次数占实验判断次数的 75%。

这个实验中间还有很多细节，我们就不一一赘述了，但从结果来看，可以得出以下三个重要结论：

第一，只要被试者把他人的反应作为参考框架，观察上就错了，认知也一定会发生扭曲。换句话说，只要你开始不顾事实，而是通过别人的反应来获得答案，你就容易进入从众的状态。

第二，被试者只要意识到自己和他人不同，只要认为多数人的看法总可能比自己的看法正确一些，他们的认知就会发生扭曲。我在后面的内容中会跟大家讲到自卑这个话题，很多人一旦发现自己跟别人不一样，第一反应就是自卑感被激发了出来。他们开始不顾事实，觉得只要跟大家一样，至少不会错吧，毕竟法不责众。在这样的情况下，他们就失去了正确的判断能力。

第三，很多被试者明知道其他人错了，还是跟着做出了错误的反应，发生了行为歪曲，这是为什么呢？是因为他们认为多一事不如少一事，没必要和大多数人为敌。这就是人性。当你看到所有人都选 A 的时候，你会情不自禁地选 A，哪怕你知道 A 并不正确。

所以，成为大多数人并不难，只要你放弃对内的探索，开始把注意力放在外在和别人身上就可以了。

在这个实验中，被试者的压力来自两方面，一方面是信息压力，另一方面是规范压力。所谓信息压力，就是经验让人们觉得多数人的判断正确概率比较高，在模棱两可的情况下，最好相信多数人。所谓规范压力，即群体中的个人往往不愿意违背群体的标准，因为如果违背群体标准，可能被视为越轨者，这时我们的基因开始警觉，这种越轨者的描述会激发出我们基因里的恐惧行为。

这让我想到一部非常著名的电影，叫作《浪潮》。这部电影有一个真实的故事原型，发生在 1967 年国外的一所高中内。一名高中老师在讲到纳粹德国的内容时，为论证法西斯主义的"吸引力"，而发起了一场名叫"第三次浪潮"的运动。实验结果加深了整个社会对法西斯主义的认识。

我相信很多人看过或听过这部电影，也了解过故事背后的逻辑。今天我从另外一个角度分析一下，成为乌合之众中的一员，需要哪几个步骤。

电影一开始，德国小镇中一位中学历史老师发现，距反法西斯战争结束不过十年，学生们已经淡忘了那段惨痛的历史。他讲课的时候，学生们一脸不屑，心想反法西斯战争都过去那么长时间了，还有什么好讲的。他们说："现代社会高度文明，我们的就业率、生活水平、民主制度，都表示我们是新时代的文明国家，您在那儿老生常谈，揭我们国家的伤疤有什么用呢？"

于是老师决定做一个实验，看一看多久可以产生一个新的纳粹组织。

就这样，这个实验在自愿互助的前提下，每个学生都自由发言，并且完全民主地选出了组织领袖，自主选择了白衬衫作为组织的统一着装。这个实验从头到尾都是自主的，没有强迫，大家少数服从多数，公平选举，共同决策。但最终结果就是，一个新的纳粹组织诞生了。而你猜花了多长时间？答案是六天。

电影《浪潮》的点睛之笔是第六天。在领袖慷慨激昂的演讲中，礼堂里所有的学生仿佛都失去了理智，他们群情激奋，当老师让学生们把反对者拎上来说要处死他时，学生们才突然意识到，怎么可以处死人呢？此时，才有同学陆续反应过来，他们在短短的六天里，已经变成了纳粹。

而真实发生的事情比电影更加残忍，因为"第三次浪潮"的实验只进行了五天，就已经失控了。

所以我在写这篇稿子的时候会疑惑：一个人到底经历了什么，会突然间变成从众的一分子呢？于是，我把这部电影再次看了一遍，发现了几个重要的节点。

当这些节点出现在你的身边时，你人性中的从众因子将会毫无意识地被激发，除非用心识别，否则无人幸免。

首先，一群孩子干的第一件事就是选出一个领袖。这个领袖的特点，就是必须树立起领袖的绝对威信：发言要举手；不能叫领袖的名字，因为名字代表平等，要叫他先生，要给他取一个至高无上的代号。当你听到他的代号时要肃然起敬，谁也不准有反对意见，有反对意见就直接赶走。电影里所有不同意这项规定的同学，都被要求直接离开这个班级，而表现好的同学则给予奖励，表现差的同学会受到惩罚。

当有了这样一个至高无上的领袖后，第二件事是要求所有人站起来原地踏步，只要踏不齐就一直踏，一直踏。为什么要这么做？因为这种踏步的行为能够让人感受到团体的力量。勒庞写过一本书叫《乌合之众》，书里说人们一旦进入团体，步调一致，就会爆发出无限的力量。同时，因为在集体里，很多人不用思考了，跟着大部队走就行。团队还能帮助个体。影片中有一个细节，一个穿着白衬衫的小男孩儿被一群人欺负，组织里的同学立刻过来帮助他，说："下次再看到这样戴胸标、穿白衬衫的人，你们给我小心点，谁敢欺负，我们一起对付你。"那一刻，那个小男孩感到无限的温暖。

说到白衬衫，他们还必须有统一的制服——白衬衫和牛仔裤，谁不穿谁就是叛徒。一个小姑娘穿了一身红色的衣服，她一来所有人都疏远了她，连老师也无视她，上课时无论她怎么举手，老师都当看不见。因为她影响了大家的团结。个性在组织中不被允许出现，一个人一旦表现出个性，他就会被组织排斥、讨厌，被认为破坏了组织的威严，继而受到惩罚。自此没有人敢不穿白衬衫了。

除此之外，他们还有自己的队标、网站、口号，甚至是手势，他们大肆宣传自己的队标，甚至爬到大厦上去宣传自己的队标。这背后有另外一个含义：他们要为团队做贡献。

有了这些还不够，还有最重要的一项：他们有共同的敌人。虽然他们的共同敌人一直在变，但是他们一直得有共同的敌人。就比如他们在不停踏步的时候，听说楼下正在上自由主义的课，这个思想与他们是相悖的，于是他们下去扰乱课堂，让学生无法上课。再比如谁质疑、反对"浪潮"组织，谁就是他们的敌人，受到他们的敌对。

"制造共同敌人"这一招，是很多组织增强凝聚力的手段。一个组织一旦有了一个共同的敌人，就有了共同使劲的方向，这个团体就会变得特别团结。这就是组织的奥秘。

我把这个影片中的这几个重要节点铺开来，就是想告诉你，如果你在生活里遇到了这样的情况，请一定要小心，因为这些行为可能会让你丧失独立思考的能力。当然，如果集体的决策是对的，那么你可以省心省力地成事；但如果集体的决定错了，那你就倒霉了。

关于从众我想到一本书：汉娜·阿伦特写的《艾希曼在耶路撒冷》。艾希曼作为德国的首席战犯，他说："我只是执行命令，我为什么有错呢？"而汉娜·阿伦特说："不，你错了，因为你作为一个个体，你可以不执行这些命令，你可以选择掉头就走，你可以选择反抗，你可以选择移民，你甚至可以选择自杀。你有很多选择，但你选择了执行命令，你这种恶叫'平庸之恶'。"

所谓平庸之恶，就是一个人失去了分辨一件事情的对错的能力，他丢掉了判断是非的心态，而把自己放在环境里，做好一个大机器上的螺丝钉，没有思考，没有方向，完全听从别人的命令。这样，你作为一个人的主观性就被丢掉了。这种情况下，集体的恶和多数人的暴政就诞生了。

　　我经常跟我的学生讲，千万不要过分地去从众。因为你以为你在合群，但其实你是在浪费生命。我曾经写过一本书，叫《长大就是边走边选》，它的前身是《大学不迷茫》。我在这本书里说，大学里最重要的两个能力：第一个是自学，第二个就是独立思考。而独立思考的本质就是要么证实，要么证伪，要么存疑。存疑就是批判性思考和独立思考的本质。这是我们作为人，以及独立个体最重要的特点，也是对抗人性弱点的重中之重。

　　最后我要分享几点我的思考：

　　第一，人需要寻找团体，这是人性使然。但是当你被迫分进一个团体的时候，你要思考一下自己是不是属于他们。比如，当你进入一个宿舍、一个班级、一家公司时，里面的人并不一定能成为你的朋友。他们各式各样、千姿百态，但他们并不是你。你们都是人类，但并不一定是一类人。在这样的情况下，你更应该思考你到底是谁，而不是考虑如何融入他们。请记住，人的本质都是孤独的。人需要寻找属于自己的团体，比如你热爱跑步，就去参加跑步团，热爱读书，就去加入读书会。但人并不是进入或者被迫分配进一个团体后就一定要适应它。好的群体，是要主动去寻找的。

　　第二，无论在什么时候都不要丧失独立思考的本质。无论对方的身份地位有多高，有多么强大的光环，你都应该从事物的本质出发，思考一下：他说的是对的吗？站在我自己的角度有没有不同的意见？你不一定要说出来，但你一定要去思考，要明白对方可能是错的。所有的创新都是从质疑权威开始的，所有新的东西也都是从问"为什么"开始的。

第三，请一定要结合自己的经历保持理性。何为结合自己的经历呢？比如团体发起募捐，领导提议每个人捐 100 元，你看到别人都捐了 100 元，也咬牙捐了 100 元，但十分心痛。这种情况下请记住，结合你自己的经历做决定。

我出身于一个什么样的家庭？我一个月的零花钱有多少？我真的要和其他人一样吗？不要在乎别人的眼光，你哪怕只捐 10 元钱，或者写个报告跟领导说你们家的家庭情况很困难，无法捐太多。你只要结合自己的经历做出符合自己内心的决定，就是对的。不要太过在意别人的眼光和话语，保持理性，永远从自己的内心出发。有人说这样一来我不是成了一个自私的人吗？我认为任何一个人，只要他先从自己出发，然后开始慢慢顾及别人，这样的善意同样值得鼓励。

假设你也参与了阿什实验，所有人都说答案是 A，你明明

知道答案是 B，你会做出什么样的决定呢？又要说什么话来化

解这种"尴尬的场面"呢？

车祸记忆实验：
你看见的世界是真的吗？

讲这个实验之前，我还是要先跟你分享一个故事。

几年前，我参加了一次高中同学聚会，我们班几乎所有同学都来了。大家聊得很开心，聊到那时候我们班里有一个非常特殊的同学，他上课总是咳嗽，然后咳着咳着就冲出去了。后来他被安排在离后门最近的位置，因为好出去。我们下课的时候，总在厕所里看到一摊血，都是他咳出来的。他有很严重的肺病，后来在高二那一年离开了我们。这位同学的离世，对我和很多同学而言都是第一次经历死亡教育。

老师为他开了追悼会，追悼会的具体情形我已经不记得了。但我还记得当时看到他的照片，我的第一反应是这张照片上的人再也不会动了，我们再也听不到他咳嗽的声音了。追悼会有一个环节，我们几个学生代表去向他的遗体做告别。我只记得他就躺在那儿，穿着一件灰色的上衣，其余的则记不清楚了。很久以后，当我和那几位同学在同学会上说起见他最后一面时他衣服颜色这个细节的时候，我们惊奇地发现，几乎每个人脑子里所记住的衣服颜色都不一样。

当年我们去的有十位同学，这次同学会来了六位。这六位同学中的其余几个人，有的人记得是绿色，有的人记得是红色，有的人竟然记得是白色，跟我相同的几乎没有。

这到底是为什么呢？

这就牵扯到我今天要跟你分享的主题：我们的记忆是会欺骗我们的。下面，我来和你分享一个很著名的关于人性的实验。

1974 年，两位心理学家进行了一次撞车实验，看事件的结果是不是会影响目击者的记忆。在这次实验中，所有被试者都看了一个相同的视频，接着，大家想象自己就是这场车祸的目击者。

然后他们被分成了几组。接下来就是"记忆篡改"的过程。实验者随后问被试者：撞车的时候车辆的行驶速度大概是多少？让大家去预估，只是在不同的组里，实验者问被试者问题的方式不一样，所用的动词发生了变化。第一组问的是：这辆车"擦上"另一辆车的时候速度是多少？第二组问的是：这辆车"碰上"另一辆车的时候速度是多少？第三组问的是：这辆车"撞上"另一辆车的时候速度是多少？结果，用"撞上"

来提问的这一组被试者回答出来的平均速度最高，"碰上"次之，而"擦上"组回答的平均速度是最低的。尽管大家看到的都是"撞上"，并且车都被撞坏了，但他们最终描述出来的速度完全不一样。

这一方面说明了锚定的作用，即人们在对将来某件事做出预估时，习惯于把它和过去已有的预估经验联系起来。另一方面也说明了，我们的判断和记忆是多么不靠谱。

这让我想到一个很著名的心理学效应——曼德拉效应。曼德拉曾经在狱中待了二十七年，1990年出狱，在此期间南非跟中国没有任何的外交关系。曼德拉获得自由之后，于1994年5月正式当选为南非第一位黑人总统。1997年，南非和中国正式建交，我们现在跟南非有着友好的外交关系，这位曼德拉总统功不可没。2013年12月5日，曼德拉在约翰内斯堡的住所中逝世，享年九十五岁。但奇怪的是，当曼德拉去世的新闻发布之后，全世界各地的人发现他们对曼德拉的记忆都出现了偏差，从死亡时间到死亡原因都有了不同的记忆。很多互不相识的人回忆，说他们好像看过一部纪念曼德拉的电影，甚至很多人对电影的名字和内容的记忆都一样，最令人诧异的是，网上竟然还有与他们的"错误"回忆相佐证的海报，还有很多人在网上聊到关于曼德拉的细节都无比相同，虽然他们来自不同的国家和地区。可实际上，这部所谓"很多人都看过"的电影从来没有人拍过。后来，无数的心理学家发现，曼德拉的故事已经蔓延到了很多人的脑海中，但每个人的记忆都不同，这种现象就被心理学界称为"曼德拉效应"，它是指对事情持有错误印象的一种心理学效应。而这个效应，现在越来越普遍地出现在年轻人的世界里，是对记忆"靠谱性"的一种打击。

我不知道你有没有这样的经历：头一天的很多事情，今天竟都记不清楚了，尤其是一些不重要的细节，在脑海中慢慢地被扭曲成了其他模样。这也告诉我们，记忆其实并不可靠，我们的记忆很多情况下处于失真的状态。这也是人性的弱点。

石黑一雄写过一本书叫《被掩埋的巨人》，书的开头写了一场大雾，这大雾其实就象征人们的记忆，有时是对真相的模糊和掩埋。

我们经常向一个人求证一件事，当那个人斩钉截铁地说出一个错误答案后，我们就相信了；但当你知道，这个世界上有很多记忆是被扭曲的，这时你是否能常保持一丝怀疑态度呢？

我经常跟一些朋友在吃饭时聊到三年前甚至两年前的事情。我们讲的都是彼此在场的事，但每个人讲的都不一样，不仅细节不一样，连动机都不一样，甚至有时候连大方向都不一样。到底发生了什么？我们还是要从曼德拉效应说起。

对于曼德拉效应，有三种假说。第一种叫多元宇宙学说。如果你看过《蜘蛛侠：平行宇宙》你就会知道，假设存在着与我们当下既相似又不同的平行宇宙，不同的平行宇宙中存在着无数个有着不同人生经历的你，那么当平行宇宙之间互相影响时，就产生了曼德拉效应。

第二种假设是未来人类有了足够强大的科技，人们能够像哆啦A梦一样穿越回过去，修改历史留下的漏洞。未来的人们穿越回过去与现在，修改了历史，导致一些事情发生了变化。但是只有部分人的记忆被改变，很多人的记忆没有改变，所以这种集体记忆错乱只会发生在部分人的身上。

第三种假设就是神经元错误链接了。而且很巧合，很多人的神经元都发生了错误链接。

我更相信第三种假设，因为人的大脑就是有这样的特点。比如当你喝酒喝多了的时候，你总能把几件不相干的事情放在一起；当你睡觉做梦的时候，在你的潜意识中，毫无关系的几件事互相组合，变成了一出光怪陆离的新戏。

人们在追溯记忆的时候，也在伪造记忆。想想看你多次回忆的事件，比如你分手、失恋、失业的某一个下午，你会不停地强调这种悲伤的感觉，好像当时你遇到的所有事情都带着"悲剧的氛围"，但实际上你那一下午的经历在外人看来，并没有什么特别的，一切都是如常的样子。但在你的脑海里，那一下午的各种细节被慢慢地修改，变成了一场悲剧。比如你跟你的朋友说，你之所以分手是因为你被抓到劈腿了。在你讲述的过程中，你的朋友会告诉你，劈腿这件事儿还有什么好说的，是你错了！他会先批评你的错误，然后再安慰你。那么当你第二次跟其他朋友讲的时候，你可能干脆掩盖了你劈腿的事实，只说分手是因为你们的感情淡了。所以你看，每一次讲述的过程中，人们都会表达出自己对这个故事的新的理解，从而对这个故事进行了编辑。在编辑的过程中，这个故事的内容会被不停地修改，以至于到最后，你的这位前女友或前男友可能已经活生生地被你变成了一个坏人，而你也对此深信不疑。记忆偏差就是这么来的。

在一项实验里，实验者让一群被试者单独看一系列照片，这些照片充分表明一个小偷将别人的钱包放到了他的上衣口袋中。随后被试者听到了一些录音，这些录音说小偷把钱包放进了他的裤兜里。过了一会儿，实验者让被试者们开始回忆，大多数人都说，照片显示小偷把钱包放进了他的裤兜。为什么呢？因为很多人被错误信息误导了。这些错误的信息成了他们理解的这个世界的一部分。

我们都知道《沉思者》那个雕塑是人像的手放在下巴上，

但是很多人在模仿他的时候，都不约而同地把手放到了额头上。**我们理解世界，是依靠记忆的，但很多错误的信息会导致我们产生错误的记忆。不仅如此，很多过于真实的想象也会被当作记忆。**比如，我经常做梦，有时我晚上做了一个特别逼真的梦，让我总感觉我好像真实经历过，曾在某时某地看到过一样的情景。甚至有段时间我很确定一定发生过梦中的场景，于是我问了我的父母，我是不是经历过这样的事情，但我的父母也很确定我没有经历过。我还反复向他们求证，说我总是梦到自己小时候去过那里，但他们坚持说我真的没有去过。这并不是玄学，而是我的记忆产生了扭曲。

对于这个情况还有一种可能是，**被强化后的信息其可信度会更高。**就比如，因为我总是在做梦之后把它们记在纸上，所以信息被强化，导致记忆扭曲。有研究表明，当我们刚获得信息的时候，如果信息来源的可信度很低，我们就会产生质疑。但如果你忘了信息来源，无法按照信息来源去对这个信息进行评估的时候，这条信息会倾向于成为你脑子里的一条可信度很高的信息。这是为什么我特别相信小时候我跟我姐姐总是打架，至于怎么打架的我却都忘了，但是我妈妈记得。我妈妈说话有些夸张，总是添油加醋地跟我说小时候我是如何跟姐姐打架的，但有趣的是，我和我姐姐都不记得了，所以我的脑海中好像真实存在了我与姐姐打架的记忆，但是具体细节则一概没有，只有对于妈妈描述的情景的陌生感。但她讲得多了，这种陌生的记忆也变得熟悉起来。以至于当她绘声绘色地讲起来时，我好像真的回忆起我曾打了我姐一巴掌，我姐则拿凳子甩到我脸上一样。所以你现在应该知道：你的记忆可能在欺骗你，你的记忆可能并不靠谱。

那该怎么办呢？我有几条很重要的经验分享给大家。

第一，当你做出重要决定的时候，你不要总是依靠记忆，要多去查找资料，去问相关的人，然后找一个安静的场合去回忆。心理学中把它称为"自我觉察"，其中意识到自己的记忆存在失真是第一步，接受记忆被篡改是第二步。然后一定要去寻找一些客观证据，比如一些照片、视频、记录，用它们来证明你的记忆是否真实。如果没有办法去证明它是否真实，那就存疑吧，避免让错误的认知被深化。

第二，好记性不如烂笔头，保持做记录的习惯非常重要。我经常跟大家讲："今天"可能不是一个好日子，但它一定是个好故事。对于每个人来说，我们每天都有可能面临无数的挑战、痛苦，甚至是绝望。这些事情并不好过，但随着你的记录，这些事情可能就拥有了别样的意义。经常有人问，你记得这件事情发生在几月几号吗？或者你记得你上个月的某一天做了什么事儿吗？我说我去年某一天做了什么事我都记得，这并不是因为我的记性有多好，而是因为我有记录的习惯。我不相信我的记忆，但是我相信我的记录。

第三，保持记录，持续记录，养成习惯。记录这种事情是会养成习惯的。在这次有关人性的分享里，我之所以能随时调出我脑海中的记忆，想到那么多相关的有趣的故事，并将其写成稿件，就是因为我本身有记录的习惯，让我能写出细节。

第四，最后请你一定要坚信，你的记忆是会失真的，这是毋庸置疑的事情。就像这个车祸记忆实验，你身处其中的话可能也会被误导，主动接收到不真实的信息。所以你不要总是斩钉截铁地去证明一些事情，也不要经常莫名其妙地去保证什么事情是真的。这个世界上唯一不变的东西是它的变化，其中包括你的记忆。

对于记忆，还是谨慎一些好。

思考题

你有没有过记忆失真的时刻？

04

认知失调实验：
怎样让你的人生有意义？

曾经有一个和我关系非常好的朋友向我借了 5 万元钱，虽然我习惯不向别人借钱，也不借给别人钱，因为我知道借钱这件事很容易闹得双方都不高兴。但因为我和这个朋友的关系非常好，于是我选择了借给他钱，甚至没有让他打借条。

我只是问他："你觉得你什么时候可以把钱还给我？"

他说："一个月后我肯定能把钱还你。"

我说："好，那我就等你。"

一个月之后，我听说他炒股票亏了钱，于是我给他发了一条信息，说："你最近还好吗？"

他说："不是很好。钱的事能不能再宽限一段时间？"

我说："你想要宽限多长时间？"

他说："宽限一个月可以吗？等我手上的这个项目做完，他们会给我结一部分钱。我一定第一时间还你。"

我说："也好。"

一个月之后，我看他依旧没有要还我钱的样子，我也没有催促。我猜他一定是又遇到了一些困难，困难这东西，永远是意外快于明天。就这样，到了第三个月的时候，他还是没有还钱的意思。我给他发信息，他基本上也不怎么回复。直到有一天，我在一个饭局上遇到了一个朋友，这个朋友对我说："你跟他之间是发生什么事情了吗？"

我说："怎么了？"

"他一直私下说你不好，说你人品有问题。"

我说："他具体说我什么了呢？"

"也没什么具体的事儿，就感觉他一说到你，就像在描述一个坏人一样，我也不知道你们究竟怎么了。"

很长一段时间里，我都因为这件事情闷闷不乐。直到我了解了这个著名的认知失调的实验，我才明白，原来他"必须"这么做。因为只有这样做了，他的内心才能舒服，否则他就认知失调了。而人一旦认知失调，将会非常痛苦，为了不痛苦，在他心中我必须是坏人。下面，听我将这个认知失调实验慢慢讲给你听。

1954 年，心理学家利昂·费斯廷格做了一个著名的实验。他召集一批大学生志愿者，让他们去做一些非常无聊且烦琐的工作：把二十几个碟子装进一个大木桶里面，简单洗一下之后一个个拿出来，然后再放进去，这样不停地拿出来放进去。一直重复半个小时。这个工作实在太无聊了，以至于每个人做完都很痛苦。之后费斯廷格让志愿者们再做另一项工作：一个板子上有 48 颗钉子，每一位被试者都必须顺时针转动每颗钉子四分之一圈，然后再逆时针转动四分之一圈。48 颗钉子必须依次被转动，不能有遗漏。就这样，被试者又转了半个小时的钉子。经历这样一个小时的折磨后，很多被试者已经崩溃，因为真的太无聊了！人在重复做一些没有意义和无聊的事情时都会烦闷不已。

而接下来才是实验的高潮部分。

费斯廷格告诉被试者说实验结束了，他们可以自行离开。但是离开之前，费斯廷格说，其实这次我们主要是想观察，一个人对做一件事情的兴趣，会不会影响到这个人的工作效率。现在你们已经完成了这两项工作，为了我们接下来的实验，能不能请你们告诉后面即将参加实验的人，说这个实验很有趣、很好玩、你很喜欢。费斯廷格还说，本来这场实验中有一个向后传话的人，但是因为他生病了，无法向后面的人传话了，所以能不能请你们帮忙，告诉后面这组人这个实验很有趣。

不知道你看明白了吗？其实这个实验的目的，就是让他们帮忙说一个谎。

　　此时，这些学生其实已经被分成了三组。第一组，在传递信息的时候可以给他 1 美元。第二组，在传递信息时给他 20 美元。但第三组在传递信息时，没有任何报酬。

　　就这样，三组学生开始传递信息。在传递完信息之后，费斯廷格还没有将实验结束，而是把这些学生拉过来继续做访谈，让他们谈谈对这个实验任务的真实看法。结果有意思的事情发生了，很多人竟然变卦了，真的认为这个实验挺有趣的。这些人为什么会有这种改变？

　　其实，当被试者经历了第一个房间的实验之后，大多数人，甚至可以说所有人，都觉得那项工作非常无聊。所以第三组，也就是在传递信息时没有收到任何报酬的那些人，依旧觉得这个实验太无聊了。同样的，得到 20 美元的人也觉得这个实验很无聊，这是为什么？因为他们在传递错误信息后收到了 20 美元的报酬，于是他们这样想："你给了我 20 美元，我来帮你撒这个谎，我的谎值这 20 美元。我之所以会撒谎是因为你给了我 20 美元，而不是我真的这样觉得，我并不会改变之前觉得这个实验十分无聊的看法。"

　　但有趣的是，只得到 1 美元的那组人，想法却变得完全不一样了，他们竟然认为这个实验挺有趣的。这又是为什么？因为 1 美元作为报酬来说少了点，不足以成为他们撒谎的理由，所以他们会有非常明显的认知失调。他们太难受了，心想自己因为 1 美元说了一个谎，不值当啊，这 1 美元完全没有办法买通一个人说谎和改变态度。所以为了平衡这个认知上的失调，他们的内心发生了变化：他们选择改变自己的态度。他们找了很多支撑谎言的证据，开始觉得实验挺好玩的，也并不是一无是处。你看转钉子的时候还能够锻炼身体；虽然这些盘子拿来拿去很无聊，但是每个盘子的颜色仔细看也不一样，挺有趣的，而且还能锻炼自己的观察能力……这些人开始普遍"相信"自己竟然并不觉得之前那个实验无聊了。

这就是认知失调后人的反应过程，也是人性的特点。

我们每个人在社会上生存，就一定会对自己的形象有一个基本的认知，人的行为跟认知往往是统一的。当一个人觉得自己是个善良的人时，那他也一定会去做一些善良的事，这样他就处于认知和谐的状态。可是如果他觉得自己是个善良的人，却又做了坏事时，那他就会处于认知失调状态。可是人们在生活中，很容易遇到一些客观的、无法改变的状况，不得不做出与自己认知相违背的事情。就像在这个实验中，第一组的人面对实验者的请求和 1 美元的报酬，"不得不"撒谎，但这 1 美元又不值得他们撒谎，所以他们就得调整自己的认知状态，让自己觉得自己没有撒谎而是真这样认为，如此一来，他们才不会感到痛苦。

所以这些人的内心想法是：我虽然撒了个谎，但是它不一定是谎，万一后一批被试者中真有人喜欢呢？万一这个事儿真的有意思呢？

你看，这就是人性的弱点。

人的态度和行为是两种非常重要的认知形式。当这两种认知产生了冲突或者说不一致的时候，会引起个体的心理紧张，这种心理紧张就是认知失调引起的紧张。这一种非常强烈的不舒服的感觉，会促使我们想尽一切办法消除这种不适感。所以为了让自己不感到难受，我们就会改变自己的态度，去迎合我们的行为，让态度跟行为达成一致；抑或改变自己的行为，使自己的行为不再与态度产生冲突。

在平时的生活中，很多人都在给自己"痛苦的生活"寻找一些理由，而这些理由的本质就是希望自己不要认知失调。所以纵观你身边的人，有多少人过的生活并不是自己所期盼和想要的，但他们在潜意识里要给自己做这件事提供理由。

人是有自我意识的动物，这种自我意识是利己的，为了利己，甚至可以自己欺骗自己。就像明知一件事情做得不对，明知道一件事做得很痛苦，但我们会给自己找理由，告诉自己这件事是"正确"的，应该这样去做。这也是人性的特点。

　　加缪说：人类就是这样一种生物，他们一生都在试图说服自己，他们的存在是不荒谬的。当我们犯了一个错误之后，我们会产生认知失调的痛苦，我们不愿意承认自己错了，所以想找一切借口来证明自己没有错，甚至还要用行动来证明。于是我们可能会进一步犯错误，从而一发不可收拾。我就见到过一位老人，他明明被骗了很多钱，但是为了不让自己认知失调，为了避免承认"我错了"的事实，他不愿意在子女面前承认自己被骗，反而一次又一次地去证明：你看那个人对我多好。

　　请注意，这跟我们完全被蒙在鼓里上当受骗的情况不同。我今天说的这种情况是你其实也能够隐约感觉到自己受骗了，甚至直接知道且有事实证明自己受骗了，但是你就是不愿意承认自己看错了人，自己被谎言蒙蔽了双眼。你内心的感受太纠结，又不愿意改变自己的认知，所以你只能改变自己的行为。你选择依旧去相信那个人，从而一错再错。而这都是因为你掉进了认知失调的泥潭里面。

　　相似的例子实在太多了。比如我妈妈，她经常不顾别人的劝阻去买一个完全不好用甚至很贵的东西。事后即便发现这个东西是真的不好用，但是因为买东西这个行为已经发生了，无法改变，她也只能"捏着鼻子哄眼睛"说这个东西好用，而不肯承认自己错了。尤其是当我说"妈，这个东西真的不好用"时，她更是会理直气壮地说："不啊，我觉得就是很好用啊。"

很多人在股票被套牢后也是这样的反应。明明他买的股票表现并不好甚至很差，他非要说这是什么价值投资，说万一有一天股票突然变得值钱了呢？

再比如，一个女人为一个"渣男"付出了很多，她身边所有的朋友都跟她说：那个男人不靠谱，你快跟他分手吧，但她就是不肯，还坚定地认为他很好，只是别人不了解他而已。然后她还会找各种各样的"证据"来证明他就是很好，我就是很喜欢他，他就是一个值得我付出一辈子的人。但其实，她内心可能已经意识到了这个男人并不靠谱，她之所以这样做就是为了规避认知失调的心理不适感。即使种种迹象表明他就是不靠谱，她也会强行改变自己的态度去和行为保持一致：我都为他付出了那么多，他一定是一个值得我付出一辈子的人。

这也是一种**沉没成本**。

有时候人们无法及时止损，其实就是不愿意相信自己当初看错了人、做错了事。如果当初我错了，那我的付出算什么？这段感情的意义是什么？如果这些都没有意义，那我的存在岂非也没有了意义？那太痛苦了。有些婚姻并不如意甚至失败的人，为什么还一个劲儿地催别人结婚呢？有一句话叫"吃不到葡萄说葡萄酸"，但是如果你努力并且费劲地吃到了葡萄，即使那葡萄是酸的，你也会说："这葡萄多甜哪，快来一起吃吧。"

心理学中有一个概念叫付出效应。它被视为一种心理补偿机制，表示人们在付出后，通常会感受到一种良好的心理状态，这种状态会进一步推动他们更努力地付出以达到更好的效果。所以，在你为某人、某事付出后，哪怕结果不好，这种"良好的心理状态"都会促使你改变认知，让你觉得结果不错，或者你还需要继续努力。

可是真的如此吗？

我把这个实验引申一下，聊聊获得 20 美元报酬的那一组被试者带来的启发。假设你的孩子考试得了第一名，这个时候你千万不要给他太多贵重的礼物，也不要不停地使劲夸他。因为当孩子发现学习这件事儿竟然能够有很好的回报，就像获得 20 美元酬劳的那群被试者，他自然就不会去思考学习的意义。外部奖励过大，会让孩子觉得考出好成绩是为了礼物，而不是出于学习的目的或者自我成长的需要。这时你最好的方式是夸他努力，引导他找到学习的乐趣和意义。否则有一天当你给的礼物不能满足他的需求时，他便没有学习的动力了，而这样的学习是无法长久的。

同理，对于一个老板来说，如果你的员工表现很好，你不要只以高薪酬来鼓励他，高薪酬是他应得的回报，但这种回报在其他人那里也能获得，你一定不要只将高薪酬当作他在你这里工作的意义，你还要给他情绪上的价值，给予他"在你这里工作"的意义。所以你要给员工设立机制，帮他们找到成就感，要将你的使命、愿景、价值观传递给员工，让他们感同身受，这样你们才能拧成一股绳儿，为公司的发展做出共同的努力。

说回到第一个故事，我为什么借给一个人钱，还允许他拖延不还，最后反而落得一个糟糕的名声呢？很简单，因为他不能让自己认知失调。他如果定了一个又一个还钱期限却还是没能还钱，他的内心就会因为行为与想法不能匹配而产生强烈的内疚感，而他无法改变自己的行为，所以他选择了改变自己的态度。

这时，在他的意识里，我必须是个坏人，这样他才能"合理化"不还我钱。他告诉自己："李尚龙就是个坏人，因为他是个坏人，所以我不还他钱是对的。"你看，这样一来，他心里就舒服了。

他心里舒服了，但我心里不舒服了。因为我不觉得他是个坏人，所以他不还我钱这件事会让我感到非常失望和伤心。所以，为了让我自己心里舒服一点，我也必须认为他是个坏人，都是他的错。

不要觉得惊讶，这就是人性。

你觉得人是先有态度还是先有行动？你觉得是行动决定

了态度，还是态度决定了行动呢？

05

三胞胎实验：
环境对人有多么重要

我和姐姐是一对龙凤胎，姐姐比我早出生五分钟。但其实我们俩是同时出来的，但医生发现我当时所处的位置不好，又把我塞了回去，先把我姐姐抱了出来。就这样，她成了我的姐姐。三十四年过去了，我跟她走上了两条完全不一样的路，她从小就是别人眼中的好学生，班上品学兼优的代表；动不动就考到年级前几名，然后考上了国内的重点大学，后来出国读研回来，入职了一家大型企业。我跟她不一样，我这一路摸爬滚打，什么都做过，当过兵，上过大学，后来退了学，在新东方当老师，之后出过几本畅销书，在影视行业写过剧本，拍过电影，还创过业，当过高管。在任何一个行业里，我都赚到过一些小钱。前段时间我们一家人一起吃饭，聊到这个话题，我父亲意味深长地说："你们俩虽然路径不一样，但好在还是努力爬到了今天。"

我父亲用了"爬到"两字，我知道他其实是想表达我们从一个普通家庭走到了一个相对还不错、富足的家庭状态这个过程。换句话说，我们的努力让我们实现阶层跃迁了。

所以，今天我想探讨一个主题，阶层的跃迁是基因决定的，还是环境决定的。

我今天分享的这个实验曾让我做过噩梦，这个实验来自英国的一部纪录片叫《孪生陌生人》（*Three Identical Strangers*），堪称真人版的《楚门的世界》，因为故事中三胞胎的一生可以说都是被人"安排"的。

故事中的三兄弟出身于一个环境极差的家庭，父母因为精神病而失去了抚养权，于是兄弟三人被送进了孤儿院。此时一位精神科医生向三兄弟的父母抛出了橄榄枝，告知他们自己可以帮助三兄弟寻找合适的领养家庭，将他们抚养成人。夫妻俩欣然接受。但是谁也没想到，这位医生正在做一个庞大的实验，这个实验在研究环境，或者说个人生活的阶层对人的成长到底有多大的影响。对于医生来说，孪生兄弟是最好的选择，因为他们有一样的基因。之后只要让他们在完全不同的环境中成长，就能得出结论了。

于是，三胞胎兄弟被分别送进了富裕、中产和贫困三个家庭中，同时，在每个成长阶段，领养机构都会对他们进行智商、性格等测试。这个测试长达十九年，测试数据也被反馈到医生那里去，由他和他的团队进行分析。三个受试男孩的多项数据都经过了精密的计算。在这个过程中：三个家庭和三个孩子都不知道另外两个孩子的存在；在家庭结构上，三个男孩的变量完全一样，父母双全，都有一个大他们两岁的姐姐。

可是，十九年之后，三个男孩变得完全不一样了。三个男孩中，鲍比被富裕家庭领养。他的父亲是医生，母亲是律师，都受过良好的教育，生活在英国最有钱和最负盛名的地区。第二个孩子叫艾迪。他被一个中产家庭领养，父亲是一个普通的教师，一家人生活在一个中产阶级社区中。第三个孩子大卫，被一个蓝领家庭，也就是工人家庭领养。他的父母经济状况非常一般，都是移民，经营着一个小小的商店，他们的英语很差，甚至可以说是他们的第二语言。这也意味着他的父母受教育程度是最低的。

十九岁那年，鲍比考进了艾迪所在的大学，两个人相认了。相认的原因是两人无论是发型还是长相都太像了，总有人把他们俩认错。当他们的故事得以见报，被更多的媒体报道之后，另一个兄弟大卫也被找到了。三胞胎在十九年之后阴差阳错地相认了，这让人又激动又欣慰。我看纪录片看到这里时，感动得流下了眼泪。

让人感到惊讶的是，三兄弟哪怕在截然不同的环境中成长，但是他们的坐姿完全相同，喜欢抽同款牌子的香烟，都曾练过摔跤。比这更神奇的是，三个男生都喜欢同一类型的女孩——这可以说是基因的神奇之处了。

随着越来越多的媒体报道他们的事，三胞胎决定一起做点事儿。于是，他们一起开了一家餐厅，因为有流量，这家餐厅一度食客爆满，三个人还赚了一些钱。可是在不同环境下成长起来的三兄弟，性格有很大差别，再加上缺少成长中的磨合，一起开餐厅后三人的很多理念都不相同，慢慢产生了很多分歧。一开始三人只是进行小争论，后来他们越吵越凶。在一次激烈争吵之后，鲍比决定退出生意。他认为道不同不相为谋，决定自己重新寻找个人的努力方向。而大卫——那个来自贫困家庭的孩子——觉得理念不同，可以不在一起做事，但所有的问题都能解决，所以他们没必要为此分开。

而来自中产阶级家庭的艾迪自责了很长时间，他认为是自己和大卫挤走了鲍比，所以他的情绪慢慢走向崩溃。

这件事其实已经能够从侧面反映出，家庭教育方式对孩子的影响是非常大的。

鲍比最有主见。因为从小在富裕家庭中长大，父母给了他足够的空间，让他自己做决定，所以他做事比较果决，很有决断力。艾迪很真诚、很负责，但是他的情绪波动特别大，动不动就崩溃，也正是因为他的躁郁症和内心的自责感，最后他竟然吞枪自杀了。而被寄养在平民阶层家庭中的大卫生活得也不错，他在任何时候都能保持乐观。

为什么中产家庭出身的艾迪反而是生活得最不好的那个人呢？这个实验给出了大胆的结论：影响孩子最深的不是基因，不是家庭条件，而是父母的教育方式。在纪录片里，家庭最富裕的鲍比，父母都很忙碌，虽然没有足够的时间陪伴孩子，却仍非常重视孩子的教育，一直用正向的、温暖的、鼓励的方式引导孩子成长。英国的鼓励式教育是比较有名的，具体情况大家可以去看一下纪录片。在父母的关爱下，加上家庭条件不错，鲍比的个性发展和生活状态都很好。

而生活条件最差的大卫，虽然父母的受教育程度比较低，但是大卫的父亲个性慷慨又温暖，不吝啬给他拥抱、亲吻和爱。他非常喜欢孩子，无论大卫做什么，他都会感到很骄傲，也正是因为他，大卫成长过程中的很多挫折都被爱化解了。在这样的一种成长状态下，虽然家庭条件并不是很好，资源也没有那么丰富，但是大卫成长得很快乐。

我曾读过一本书，叫《象与骑象人》，书里提到：为什么有些寒门能出贵子，有些寒门出来的则是犯罪分子？原因是当一个孩子在寒门生活中经历了挫折，如果他的身边有一个爱他的人，爱加上挫折可以让一个孩子成为贵子。但如果他只有挫折没有爱，那么这个孩子只会形成习得性无助——我在后面的内容中会跟大家分享习得性无助是多么令人痛苦——从而最终走向深渊。

再说艾迪，艾迪是一个典型的中产家庭中的孩子。他的家庭条件居中，父亲和母亲虽然都是老师，很重视教育，但对他进行的都是传统的、十分严厉的教育。他的父亲压力很大，而且会把一切压力放在孩子身上。父亲在家里制定了军事化的规定，严格要求孩子去遵守，家庭教育几乎是苛刻而残酷的。本来性格挺活泼的艾迪开始变得情绪化，同时，高压式的教育让艾迪养成了一种低自尊的个性，感觉自己做什么都是错的。只要事情结果不好，他就会把问题归因于自己，所以他才会认为兄弟散伙是自己的问题。这表明他的心态已经出了问题。也正因如此，他后来得了躁郁症，人到中年时生命戛然而止。

这个实验给了我很多启发：无论你生活在一个富裕的家庭里，还是一个贫穷的家庭里，只要家里有爱、有陪伴、有鼓励、有互动，你的成长就是幸福的。对于一个人的成长来说，家庭环境的影响比我们以为的要重要得多，而其中最重要的，就是爱和陪伴以及家长的教育方式。

那么基因呢？由于特殊的、天才式的基因太少太少了，所以对于绝大多数人来讲，基因其实没有我们想的那么重要。经常有人跟我说："李老师，我特别喜欢学习写作和英语，可是我就是学不好，我觉得我的天赋不够。"我会回他："得了吧，我们大多数人的努力程度还远没有到拼天赋的时候。"我们以为自己拼尽了全力，而这可能才是别人努力的一个零头。

基因重要吗？我们认为重要，但是它相比于环境来说，真的不够重要。我看过一本书叫《天生变态狂》，作者是詹姆斯·法隆。这个作者很有意思，他研究了七十多个变态狂的大脑，其中有把父母杀害的人，也有天生具有反社会型人格的人。他研究大脑组织三十五年，翻阅了很多大脑的研究资料后，惊奇地发现：一个人只要基因有问题，他就有可能成为杀人犯。可是谁也没有想到，他睡了一觉起来，看见了一张脑组织的结构图，他发现这个人的脑组织中的每一个特征都是变态杀人狂所具有的特征，他认定这个人一定是变态杀人狂。结果没想到的是，这个人竟然就是他自己。

是的，他自己的脑部结构跟很多天生的变态狂一模一样，基因也差不多。可是他为什么不是一个杀人犯呢？他不仅不是杀人犯，还是一个成就极高、家庭幸福、受人尊重的人，并且是个好爸爸。原因很简单，因为他拥有一个充满爱的原生家庭，而且接受了良好的教育。这些因素比基因要重要得多。

　　我经常跟很多家长讲："鸡娃"不如"鸡自己"。你严苛要求孩子，整天责骂孩子，把家里弄得乌烟瘴气，孩子从小在噪声、挫折、无助中成长，心态和性格很容易出问题，这种情况下你对他的期待越大，他未来遇到的麻烦就会越多。你不如给他足够的爱，告诉他就算遇到再多挫折，爸爸妈妈都在他的身边，这种环境才会给孩子以滋养，让他拥有一个更好的未来。

　　《天生变态狂》的封面上有一句话："每个人的内心都匍匐着一头黑暗巨兽，伺机将你拖入无尽的深渊。唯有爱和陪伴能带给你寻找光明的力量。"什么是黑暗巨兽？它就是你的基因。不要抱怨，每个人的基因可能都有问题，就拿癌症来说，你可能没有做过什么不利于身体健康的事情，但它就是找上了你。有些身体或者精神方面的缺陷我们无法改变，但哪怕再艰难的境地，爱和关怀仍能够带给我们寻找光明的力量。

　　环境非常重要，要不然孟母也不会三迁。那么我们能为此做点儿什么呢？最后，我想跟你分享以下五条我对环境的认识：

　　第一，警惕你的环境。 我们大多数人的环境都由自己身边最亲密的三五个人组成，因此有了心理学和社会学中的一个调查结论，叫密友五次元理论。你的身份、阶层、经济状况甚至性格，都是由你周围五个人的平均值决定的。所以你要警惕你的环境，因为你的选择以及你对世界的看法，都来自你最亲近的这几个人，而这种影响你并不会察觉。这就是很多人终其一生都走不出原生家庭影响的原因。

第二，主动更换你的环境。当你发现周围的环境并不是你想要的，而你又没有经济能力去改变它时，请你默默地给自己树立一个目标，问问自己想去什么样的地方，想跟什么样的人成为朋友，想住什么样的房子，想跟谁拥有一段未来。越是原生家庭的家庭状况和经济状况不好的人，越容易讨厌不一样的人际关系，害怕和不一样的人打交道，要么不善于表达，失去很多机会，要么对人掏心掏肺，结果受到欺骗。他们往往习惯了资源贫瘠的基础，要么过于在乎金钱，要么花钱大手大脚，认为打工才是唯一的出路，失去了很多更好的发展机会。但其实这样是不好的，你要学会去更好的环境里学习，当你有了榜样，就去接近它，你要跳出你的原生家庭，去跟优秀的人交朋友，这样你才有机会过更好的生活。

第三，去寻找有爱的环境。什么叫有爱的环境？生活中有一个规律，就是人越往"上"走，"上面"的人群越包容，得到的爱越多。人越往"下"走，就会遇到越多鸡毛蒜皮的琐事。就像一个女孩子生活在一个闭塞的村庄里，二十五岁不结婚可能就是个大错，如果她胆敢三十岁都不结婚，没有孩子，很可能会被左邻右舍批评得体无完肤。但如果她来到大城市里生活，当她越往上走，越注重自身的发展时，她会发现没有人要求她一定要结婚，也没有人批评她至今未婚，因为周围人会明白那是她的自由。这就是大环境的包容性。

第四，远离消耗你的人。这里所说的"消耗你的人"指的是所有人，包括跟你很亲近的人。多跟那些能够滋养你的人成为朋友，把自己放在爱里，而不要放在痛恨中。

第五，如果你真的没有能力做到这一切，请记住一句话：肉体可能还在痛苦中，但请把灵魂放进书里。因为在书里有无限美好的爱和广阔的知识的海洋。通过阅读，你可以跟这个世界上伟大的灵魂成为朋友；你可以穿越空间和时间，把这些伟大的思考者带到你的身边，让"他们"来保护你，做你糟糕境遇里坚实的依靠。

思考题

在第一章中跟大家分享了五个实验，你印象最深刻的实验是哪个？为什么？

第二章

人性中的善良与邪恶

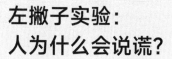

左撇子实验：
人为什么会说谎？

　　我前段时间遇到一个女孩子，和她一起去吃了一顿饭。饭桌上，她不停地控诉自己的男朋友说谎，说他满嘴谎言，越查越发现他没有一句真话。她还问我："这样的男人还有救吗？"不知道为什么，我突然想到一句话："当你开始仔细看花瓶裂缝的时候，你会发现花瓶的裂缝越来越多。"

　　所以我安静了一会儿，然后问她："你自己撒过谎吗？"

　　她说："我没有。"

　　我说："真的吗？"

　　她想了想说："好像也有一些善意的谎言。"

　　我说："这样的谎言多吗？"

　　她说"不多"，后来又说："好像挺多的。"

　　我说："那你为什么会撒谎呢？"

　　她说："这个性质不一样。"

　　我笑着不说话，她好像也看出了自己的"双标"，愣了半天，说："我不是在狡辩。"

　　我继续问她："你觉得这个世界上有人从来没有撒过谎吗？"

　　她想了很久，说："应该有吧。"

　　我说："我告诉你，没有。"

　　她又愣了，问："为什么呢？"

　　我说："因为我们已经来到了一个后真相时代。这个时代可能不存在真相，只存在'后真相'。因为所有的真相并不是单一维度的，我们需要用各种各样的方式去了解这个时代的真相。真实与否已经降到了次要位置，不同的人群只选择相信符合他们各自喜好的信息。这个世界太复杂了。当然我并不是为他狡辩，而是我想到了更多的东西。"

　　我来举一个简单的例子。假如你在社交软件上问一个男生："在吗？"他可能刚看手机，回复你"在"。然后这时他被人撞了一下，把手机摔关机了，你说他现在在还是不在？也可能他刚看完手机，但马上就要参加一场重要会议，于是他回复"不在"，可这是什么意思？不在怎么回复？

　　当然，我说的这个案例可能有些极端，那么我再来举一个例子。我们看一句非常简单的话，叫"桌上有一枚蛋"。这是一个简单的事实，也是个陈述句。接下来我要请你跟我一起做个实验：你能想象出这枚蛋的样子吗？请你闭上眼睛想象一枚摆放在桌子上的蛋。你有多大把握确定你"看到"的蛋跟我"看到"的蛋是一样的？其实你仔细想想，就知道我们"看到"的蛋可能并不一样。

为什么？你想到的应该是鸡蛋吧？

那为什么不是鸭蛋？为什么不是恐龙蛋？为什么不是镶有宝石的彩蛋或者巧克力蛋呢？

回到鸡蛋上，就算你"看到"的是鸡蛋，你确定你"看到"的是完整的鸡蛋还是放在盘子里的一枚蛋、煮鸡蛋？你有没有发现，就这么一个"蛋"字其实已经是一个非常复杂的事物了。刚才那句简单的"桌上有一枚蛋"竟然能产生这么大的歧义，更何况我们看到的五彩缤纷的世界呢？这就是为什么在这个时代，我们的认知可能越来越难接近所谓的真相的原因。

再来做一个实验：你从最近的窗户往外看，看到了什么？你看到了多少辆汽车？它们的材料和颜色是什么样的？有多少植物？有多少楼房？你有没有看到大楼是用什么材料做成的？有多少扇窗是开着的？

你可以找一个人跟你一起看，你会发现每个人看的角度都是不一样的。但如果让你说让你写，你只会站在自己的角度去说去写。如果让你去评价一个人，比如你的女儿、儿子、男朋友、老公，他在学校里的表现是否优于同龄人？他在工作中的表现是否比同事要好？如果回答是肯定的，那我想问你，他到底是哪一方面比较好呢？是考试成绩还是跑步比赛成绩呢？是人际关系还是业绩提成呢？他的努力体现在什么地方呢？我再细问一下，这些指标真的足以评价一个迅速变化、具有多个维度的个体吗？一千个读者眼中有一千个哈姆雷特，每个人看世界的角度和看一个人的角度都不一样。所以大多数人会产生一种错觉，认为"我"看到的世界是绝对真实的、单一的、独特的。但并不是。你只是在盲人摸象。这就是人性的秘密。

这个时代开始变得越来越复杂，我们面对的大多数问题都开始变得无法完整被描述，于是我们不得不片面地进行真相的描述。因为生活太复杂，所以我们希望将描述简单化，而这样也带来了真相的流失。这就是为什么好像社会上的"渣男渣女"越来越多，因为人们已经不愿意去了解人性背后复杂的逻辑了，只是从某一个方面出发，用简单的一个词来形容一个人。

我再来跟你分享一个关于人性的实验。一个叫保罗·罗辛的心理学家做了一个很有趣的实验，他向被试者展示了一个刚刚打开包装的崭新的便盆，并反复地跟被试者说这个便盆是干净的，并且没有人用过，被试者也相信这个便盆是崭新的。接下来，保罗把苹果汁倒进这个便盆里请被试者喝，但是大多数人都拒绝了。我想这很好理解，因为换成你，你也不会喝。并不是说那个便盆脏，而是因为我们已经下意识地把便盆跟尿液、粪便联系在了一起，觉得它是"脏"的。但理性地分析，这个便盆真的脏吗？它跟一个新的塑料水杯有什么不同呢？

所以大家发现没有，任何一个物品，它不仅是那个物品，它还有背景，一旦有了背景，就会影响我们对一个物品的看法。**对于任何一个人也是这样的，他有了不同的背景，就有了不同的存在意义。**（我在后面的内容里会分享。）

那么我换一个背景。如果你被困在了沙漠里，周围没有水源，这时你看到一个便盆里装满了苹果汁，你会喝吗？我想你会毫不犹豫地喝下去。因为背景不同，所以人的行为也不同了。这就是为什么我们发现网络上有那么多自己难以理解的信息，因为如何解读这些信息其实取决于它的背景，而不是这件事本身。换句话说，我们在看到某事想要发表某个观点的时候，更应该看到的是这件事情发生的背景，而不是单一的事件。

可惜的是，在这个碎片化的时代里，越来越多的人已经不愿意去了解事情的背景，而只会针对事情的某一面夸夸其谈。所以，很多情况下别人说出的话，你都会发现那可能是谎言。比如，一个女孩子说自己的男朋友总是说谎，每天晚上跟她说

"我睡了"之后，转头就跑到外面喝酒去了。她说这种男人能要吗？可是如果你了解一下这件事的背景，你就会发现，他可能并不是想说谎，而是已经和朋友有了一个喝酒的约定了，但他知道女朋友知道后一定会担心和阻止，所以选择了撒谎。他这样告诉女朋友只是想让女朋友安心，让女朋友早点睡。虽然这种行为也并不值得提倡，但可悲的是这种行为一旦被认为是"撒谎"，那么对待它的态度就很难改变了。

你看，**当你去了解事情背景的时候，可能一个谎言就开始变得充满善意了。因为你已经开始接受这个世界的复杂性。**

谎言还很容易发生在"数字"上面。1991 年，两位非常著名的心理学家做了一个关于左撇子的实验，研究报告表明左撇子比右撇子平均早去世九年。这两位博士研究了 1000 名加州人的死亡事件，发现右撇子的平均死亡年龄是七十五岁，左撇子的平均死亡年龄是六十六岁。于是他们得出了一个结论：左撇子比右撇子更容易死去，左撇子甚至和吸烟一样对健康具备危害性。

于是，"左撇子会早死"这个观念一下子被传播出去了。一直到 2013 年，英国广播公司才开始重新思考这个问题。他们经过了大量调查，得出的答案是："左撇子会早死"的说法是没有根据的。

调查结果显示，左撇子和右撇子的平均死亡年龄完全一样，那为什么会有这种结论上的变化呢？

因为在 20 世纪 70 年代之前，在英国、美国和其他一些发达国家中，很多左撇子的孩子被认为是被魔鬼附身了，这导致他们在童年时受到打击和歧视，从小过得很痛苦；他们的父母也会逼着自己的孩子从左撇子变成右撇子，这些才是真正导致左撇子寿命短的原因——糟糕的原生家庭和被强迫、被诅咒的成长经历。

他们的成长环境是恶劣的，以至于其中很多人得了精神病。所以在 1991 年的调查中，心理学家才会得出"左撇子有害"的推断，而这种说法的广泛传播，也促使很多家长更加努力迫使自己的孩子从左撇子变成右撇子，这导致更多的左撇子出现心理问题。

而在 20 世纪 70 年代之后，这些国家开始鼓励民众承认自己是左撇子。这样在这些孩子的成长过程中，他们心理上没有之前的压力，因此年龄相同的左撇子跟右撇子几乎拥有相同的寿命预期。

数字很神奇，它可以提供关于这个世界的语言所无法提供的清晰度。我们可以用数字来比较、评价事物的变化，总结一个人或者一件事的发展进程。当然，数字同样可能被误解。这里给你推荐一本书，叫《双重论证》。这本书的作者认为：多数人眼中的恶，可能在另外一个人眼中是善；多数人认为的谎言，可能从另外一个角度看是真实的。

所以，我想你已经知道，真相已经不那么重要了。因为每个人都有自己的选择和判断，这些判断更容易被自己的情绪所左右。对于很多人来说，被情绪影响的时候，他们已经分不清事情的真假了。

再举一个简单的例子，很多孩子特别不喜欢吃胡萝卜和青豆。但是你稍微把这些食物的名称改一下，比如把青豆改成"激情迸发的可爱无敌奥特曼青豆"，孩子马上就开始吃了。别问我怎么知道，因为我就是用这招来对付我的小外甥的。

我之前也和大家讲过，当一个人喜欢做一件事的时候，他就会想尽一切办法证明这件事是对的。

这个世界上最大的谎言应该就是钻石。钻石不就是石头吗？是怎么和爱情、婚姻绑到一起的呢？钻石真的有那么珍贵吗？这些是怎么发生的呢？原来在第一次世界大战之后，美国的钻石销量减少了一半，这时有一个策划人叫艾耶，开始了用广告拉动钻石销量的工作。他发布了一个广告，在钻石和爱情之间建立了联系。广告上说：女孩子一定要以求婚者的钻石大小作为评判爱情的标准，他爱你，就会给你送大钻戒；如果一位男士想要表达自己对婚姻的承诺，就必须买钻戒，因为钻戒代表着永恒。更何况，两个月的薪水对于永恒持久的事物来说，难道不是很小的代价吗？女孩子一听，太对了！就是这样的！你不给我送钻戒，怎么证明你爱我呢？

就这样，钻戒跟爱情联系在了一起。但我们理性分析一下，钻戒对于婚姻到底有什么用处呢？把买钻戒的钱用在购置其他物品上不是更实用吗？但现实告诉我们，不是这样的，钻戒甚至成为婚姻的"必需品"了。这就是人性的影响。

据统计，到 2015 年，美国珠宝市场每年的消费额是 390 亿美元，今天 75% 的美国新娘会戴上钻戒。20 世纪 60 年代，很多亚洲国家，像日本、中国，年轻人结婚时都没有听说过钻戒。但是 20 年之后，60% 的日本新娘戴上了钻戒，中国现在也一样，很多人结婚都会买钻戒。

每当我看到比较自己钻戒上钻石大小的女人时，我都会推荐她去看一部叫《血钻》的电影，看完后她们都很生气，也都知道昂贵的钻石只不过是骗局，但如果要问她们："你还要钻戒吗？"她们却都会说："为什么不要？"所以，欢迎你来到后真相时代。

最后要分享一个结论：在这个时代，我们不要总是指责别人说"你撒谎"，我们应该学会基于人性进行思考，因为思考比真相要重要得多。

关于思考，我总跟大家讲，要么学会证实，要么学会证伪，要么就学会存疑。所谓成长，就是从你相信一切都是真实的开始，之后慢慢地质疑一切都是假的，最后你开始明白真假不是最重要的。在这个世界上，我们要给人松弛感，要给自己钝感。不要把一切都辨得清清楚楚、明明白白，因为有时候真相的压力是你难以承受的。也不要总是期待每件事都能查到水落石出，日子最舒服的状态是得过且过，允许一些事情是自己不能掌控的。

当然，也请你记住一句话：不要去故意欺骗别人，因为你能骗到的人，都是相信你的人。而信任，是一种消耗品。

思考题

你有没有有意无意地说过一些谎？你为什么会说这些谎呢？

07

"韵律 0"实验：
人什么时候会爆发出可怕的恶？

我曾写过一本小说叫《刺》，在那本小说里我探讨了一个主题：人性到底是善还是恶。我不知道你们怎么想，我也把它当作本节最后的思考题。

但我想说，人性其实很像橡皮泥，你怎么捏它，它就会怎么变。

所以，我想跟你探讨一个问题：人在什么时候会爆发出人性中的恶呢？

这里我要分享一个很著名的人性实验。1974 年有一位伟大的艺术家创作了一个影响力巨大的作品，叫作《韵律 0》。在这个作品中，她把 72 件器具放在观众面前，这些器具五花八门，有刀、铁链、锤子、鞭子等危险物品，甚至还有一把装了子弹的枪。接下来，她把自己奉献给了实验——她将自己麻醉，确保自己是不能动的，也不能说话。她承诺参观的观众可以将任意器具使用在她的身体上，不论观众对她做出何种举动，她都不会反抗，也不需要他们承担法律责任。

在表演开始之后，有些人一开始只是好奇地用桌子上的口红在她的身上画画。后来人们发现她果然不会动，于是，有人开始用桌子上的水朝她脸上泼，甚至有人往她的头上倒水。渐渐地，人们开始变本加厉。一个人用剪刀剪开了她的衣服，还有人用玫瑰花的花刺在她裸露的皮肤上拍打，甚至还有人把刺扎进了她的皮肤里。而当看到了血，人们开始疯狂，有人拿起桌子上的刀在她的身上一刀一刀地划。

越来越多的人发现她不会动，甚至不会叫的时候，他们变得更加疯狂了。几个观众将她抬起来，又把她放在地上。甚至这些观众的意见还不统一，这个说应该这样放，那个说应该那样放。他们不知道的是，现场的恐怖画面全部被记录了下来。

我在看到那场实验的图像，包括写下这些字的时候，都觉得很可怕，难以想象在受害人没有反抗的时候，人竟然能爆发出如此恐怖的恶。但这位女艺术家一直没动，就在这样一种状态下，被"观众"们整整摆布了六个小时。

最后这个实验为什么停止了呢？因为有一个人拿起了桌上的手枪，把枪塞到了她的嘴里，准备扣动扳机。这个时候，她的泪水夺眶而出。这时现场好多观众才猛然意识到他们的行为越来越离谱了，并及时制止了那个企图杀死她的人。终于，她恢复了知觉，满脸泪水地注视着每一个观众，然后鞠躬缓缓走下台去。这时观众突然变了一个样子，就好像犯了错一样，尤其是那些拿剪刀剪开她的衣服，用玫瑰花的花刺扎她的人，开始躲避她的目光，并纷纷往后退去。

这位艺术家叫玛丽娜·阿布拉莫维奇，是一位伟大的行为艺术家。她的这场实验也被称为"最残忍的行为艺术"，在这场实验当中，我们深深地认识到了人性中的恶若是没有受到约束，会造成多么可怕的后果。这种只会在野兽身上看到的"兽性"，就是因为没有约束、没有控制，所以在人类身上爆发了出来。

这就是我写《刺》这本小说的原因，我希望能让更多的人看到校园暴力、职场暴力、网络暴力的可怕，希望我们国家能够立法，防止这类行为的发生。只有这样，才能更好地保护那些被欺负的孩子。不要指望人有多么自觉，因为如果没有法律的约束，人就难以控制人性中的恶，人就会像野兽一样，变得残暴和无情。

我经常跟很多家长讲，如果你的孩子是一个"熊孩子"，是一个会在高铁上不停地吵闹，用脚踢别人的凳子的孩子，那么你最应该做的不是去跟对方说"你跟孩子较什么劲"，而是抓紧时间跟孩子立规矩、定规则，约束他的不良行为，引导他往好的方向发展。

没有规则束缚的人性就是万恶之源。曾经有一位叫小野洋子的日本艺术家，她有一个表演成名作叫《切片》。这场表演是这样的：她坐在台上，身边放了一把剪刀，观众可以上去一点一点剪掉她的衣服，直到她完全赤裸。她跟大家说："你们不用顾忌，只要剪掉的碎片比一张明信片大就好，你们可以随便剪，什么地方都可以。"一开始，一些人感觉不好意思，就剪了一些无关紧要的边边角角；紧接着，一些人剪掉了她的胸衣肩带，然后剪掉她的胸罩；最后，人们的行为越来越离谱。其实，人们的最终选择都是在暴露他们真实的内心，他们的心里想着什么就会剪掉什么。但这一切都是从第一次离谱行为开始的，因为没有规则的约束，所以他们的行为越来越肆无忌惮，越来越离谱。

不知道大家是否听说过，宇宙万物的一个终极规律——热力学第二定律，它的基本原理之一叫熵增定律。所谓熵增，就是宇宙万物的混乱程度会越来越大。比如你放一杯水到你的房间里，这个杯子中的水的水分子会飘得到处都是，越来越杂，它分布在每一个角落，这就叫熵增。这是宇宙万物的规律。人也是一样，如果不对人加以管束和制约，人的行为就会越来越混乱，直到无法收拾。

另外一个关于人性的实验结论叫**破窗效应**，它也是犯罪心理学中的一个重要理论，最早由詹姆士·威尔逊和乔治·凯林共同提出。该理论的内容是：当一座房子出现了一扇破碎且未被修理的窗子，那么不久之后，其他完好的窗玻璃也都会被打碎。或者当你把一辆车的一个窗户打破，停在那儿，不久之后，车上所有的窗户也都会被打破。这就是破窗效应。

为什么会这样呢？因为当第一扇窗子被打破之后，这种行为会逐渐传播出去，被更多人知道。于是越来越多的人开始效仿，甚至会做出比之前更严重的坏事。这种破窗效应在生活中其实比比皆是。就拿小野洋子的那个实验来说，当时一个男生剪掉了她的胸罩，于是越来越多的人发现，原来这些私密部位的衣服也可以被剪掉，于是更多的人开始这样去做了。

我想起我小时候曾买过一双很漂亮的白鞋，几乎花了母亲半个月的工资。我特别爱惜它，绝对不允许泥巴溅到上面去。当时有一部特别火的电视动画片叫《灌篮高手》，里面有句话叫"新鞋踩三脚"，不知怎么就被班上的同学学到了。有一天我在上体育课之前，被一群同学围着，他们嘴里说着"你的鞋好漂亮啊"，然后一个同学上来直接在我的鞋上踩了一脚，说"新鞋踩三脚"。马上，一群同学追着我开始要踩我的鞋。一片混乱过后，我愣在了原地。那天回家的路上，我自己竟然也开始走泥地了。是的，我也开始慢慢地不再爱惜它了。因为一旦新鞋子被人踩了一个脚印，那么破窗效应来了。

很多人的自暴自弃，也都是从一次暴饮暴食、一次烂醉如泥、一次生活失控开始的。这就是为什么我们讲"常在河边走，哪有不湿鞋"。有人说："既然湿了鞋，我就洗个脚，洗完脚我再洗个澡，洗完澡我再泡一泡。"你看，不良行为就接踵而来了。所以可以说，在没有约束和制约的状态下人都会作恶。

这也给了很多家长一个提醒，孩子生活中的一些不好的小行为，如果放任不管，就有可能走向违法犯罪，这是人性决定的。你想想看，刚出生的小孩实际上具备非常强的破坏力，这种破坏力甚至超出他们的体力范围。他们要靠大人不断地劝说、教育，才知道原来有些事情是不能做的。他们必须知道畏惧是什么才能学会控制自己的行为，因为在很小的时候，让他们畏惧的事都被大人挡在了外面，因此他们无所畏惧，破坏力最强。所以我们看到很多未成年人犯罪的报道时，有些人会说人性本恶，但其实并不是，他们只是缺少了引导和规则的约束。一个孩子长大之后，开始经由父母的教育认识到做坏事会受到惩罚，他会逐步感到恐惧，而约束自己的恶。可以说，对于违反规则会带来惩罚的恐惧，是限制人性之恶最好的方式之一。

那应该如何让这种恶远离自己呢？下面我来跟你分享四条我的理解：

第一，请你一定要让自己强大起来。 我们刚刚说的两个实验，其中有一个重要的条件，那就是艺术家不能动。你想想看，如果艺术家能反抗，并且是个身材魁梧，看起来很不好惹的人，那么即便你伤害她不用负法律责任，你还敢对她动手吗？我想很多人的答案都是不敢。

其实世界就是如此，人性就是这样，让自己强大是破除一切人性之恶最好的手段。我一个朋友的孩子从小练习跆拳道，有一天他的老师跟我朋友说："你的孩子太过分了，一个人把班里的四个同学都打哭了，这不是校园暴力吗？"我朋友刚准备批评孩子，突然意识到四个孩子打我们家一个孩子，这是谁更暴力？于是询问了孩子，发现起因是另外几个孩子挑衅还想要"围殴"他。那为什么反而是那四个孩子像是"受欺负"了呢？很简单，是因为我朋友的孩子够强大，在遇到危险时能保护自己。所以说，在我们的生活中，遇到"恶"是很难避免的，我们能做的是让自己有抵抗恶的强大力量；另外更要注意，不要让这种力量变成我们作恶的资本。

第二，一定要有规则和规矩。 当一个地方没有规则和规矩，人性的恶就更容易显现出来。所以，无论是国家的运行、社会的稳定，还是学校和公司的运转，乃至于一个家庭的和谐，都需要一定的规则和规矩。我们自古就明白，"没有规矩，不成方圆"，想要让无数个体变成和谐的集体，一定要有适当规则的约束。同时，当你进入一个新的环境和领域，你也要尽早弄清楚此处的规则，这样才能更好地适应新生活。

第三，千万不要和品行不端的人为伍。什么叫品行不端的人？就是那些不按规则做事的人，比如大摇大摆不看红绿灯，甚至不看车流量情况过马路的人，这样的人对自己的生命都不负责，不难想象他还能做出多少危险的事情；还有扰乱纪律、我行我素、不管他人利益的人，最常见的就是那些随意插队的人。这样的人终有一天会打破你们之间的规矩和突破你们之间的关系底线，因为这种恶是会传染的，一旦这种恶传染给了你，你要花好长时间才能将其去除。

第四，请你一定要警惕自己的第一次"作恶"。这里所说的作恶并不是杀人放火的大恶，甚至不是说真的已经把恶行付诸实践，而是你第一次动了作恶的强烈的念头。比如当你第一次想偷窃、想赌博、想欺骗……这些作恶的强烈念头同样值得被注意，因为这表示恶意已经有了萌芽，虽然这萌芽被你掐断了，但你要知道是什么滋养了它，这样你才能更好地避免内心恶意的滋生。

最后说回之前的问题，人性到底是善还是恶呢？我认为这世界上的人性其实没有善恶之分，只有为了生存而选择不同手段的行为。

所以，究其本性而言，人并没有善和恶之分。但当人类创立了社会，定了规则，开始区分善恶，那些为了达成自己的目的，不择手段，危害他人利益甚至生命的行为，被界定为"恶"。而为了在社会中生存，我们必须遵守规则，否则，等待我们，甚至等待整个人类的，都将是毁灭。

善恶都存在于我们的心里，只是一种念头，关键在你如何选择、如何去做。

看完这一节内容之后，请你来思考一下：人性到底是善还是恶呢？

08

撒玛利亚人实验:
人为什么会表里不一?

　　在我创业的这么长时间里,我见到了很多很优秀的领导者,仔细观察这些人,我发现他们都是掌控人性的高手。但这其中有很多人,和外表呈现出来的谦逊、可靠不同,他们都有这样一个特点:说一套,做一套,想一套。

　　他们会把一件事说得天花乱坠,让你觉得有利可图、机不可失,必须抓住机会。但其实他们做的是另一件事:剥削你,占你的便宜。比如,一位"大佬"创办了一个协会,让每个会员交几千元钱入会,美其名日给大家赋能。很多加入这个协会的人都是创业者,他们希望"大佬"能给他们投资。但是"大佬"让他们交钱入会,第一是完成第一笔募资,第二是希望他们成为自己所创基金的有限合伙人。至于投资,"大佬"丝毫不放在心上,还能敷衍得你心服口服。结果就是,想融资的反而被融资了。

这个世界上就是有很多人表里不一，尤其是在商业中，在利益的驱使下，很多人的想法跟他的行为是截然相反的，你要懂得辨别。如果你看不懂，那么今天看完这篇文章后你就会懂了。

下面我就跟你仔细探讨一下，为什么人会表里不一。

《圣经·新约》中曾讲过一个寓言：一个犹太人被强盗打劫，受了重伤。他躺在路边，有祭司和利未人路过。祭司和利未人是神职人员，应该是十分具有爱心的，但是他们完全不理会。此时，有一个撒玛利亚人路过。撒玛利亚人虽然跟犹太人不睦，但是这个撒玛利亚人不顾教派隔阂，善意地帮助了重伤的犹太人。这样的对比可以说是十分讽刺的，祭司和利未人嘴巴上都不停地说着帮助别人很重要，可为什么他们不停下来帮助那个受伤的犹太人呢？

无独有偶，我下面要跟你分享的这个发生在普林斯顿神学院中的实验和这个故事十分相似。实验者在普林斯顿神学院中找到了一群学生，让他们各自去参加自己组织的活动。有一些人去参加就业的活动，有一些人去参加宣讲这个善良的撒玛利亚人的故事的活动。一个去宣讲撒玛利亚人的故事的人，他本身善良吗？虽然接下来他们要去宣讲这个故事，可他们自己内心深处到底相不相信呢？实验者在他们前往活动现场的路上安排了几个捂着胸口晕倒的人，看他们会不会对这些人伸出援助之手。

而谁也没有想到的是，结果令人震惊：因为大家停不停下来帮忙和读没读过这个故事、参加什么样的活动没有任何关系，只跟时间的紧迫程度有关。在时间最紧迫的人当中，只有10%的人停下来帮忙；在时间稍微宽松的人当中，有45%的人提供了帮助；而在那些时间充裕的人当中，有65%的人停下来帮忙了。

所以你看，你知道什么，和你做什么、说什么以及想什么，有时候是完全不一样的。

很多时候，人们只会关心利益。

这也是我想告诉你的人性秘密：**当你看不懂一个人和他的所作所为时，你就看一下他参与的事件当中利益所在的地方。**

另外一条被冠以人性之名的奥秘是：记住，**人们所说的一切都有可能不是真的。**大多数人都会有表里不一的时候，如果你不能看穿他们的面具，就容易受到欺骗。所以请记住我的话：不要听别人怎么说，要去看别人怎么做，以此来分析他是怎么想的。这才是掌控人性的方法。

再强调一遍：当你看不懂一个人的行为时，你可以思考一下利益在哪儿。当你想明白了利益在哪儿，你就能理解他的行为和思考模式了。你会发现这世界上很多人都是先在表面上搭一层幌子，然后把真实的利益藏在后面，而不会将其直接展现出来。他们说得再怎么天花乱坠，其目的还是背后的利益。

一件事，当你想明白了利益在哪儿，一切就简单多了。就像男人追求女人，不管嘴上说了多少甜言蜜语，买了多少好看、好玩、有用的东西，他是出于无私的奉献，单纯想让女人开心吗？不是的，他是为了换取女人对他的付出和爱。当然这种付出是人际交往的根本所在，并不能说这个男人虚伪，只是我们要看清这样的关系本质而已，这样在处理一些关系时就游刃有余了，不会过度自我，但也不要过度"无私"。还有一些销售关心客户，他嘴上说了很多，你可能并不知道他为什么表现得这样亲近。可是当你从利益角度去思考，一下子就懂了，因为销售此种行为的本质就是想开单。

很多时候你觉得人没有被利益影响，那是因为利益还不够大。我曾在网上看到一句话很有意思：夫妻不到离婚，看不到本性。父母不到病床，看不到孝顺。朋友不碰利益，看不到人性。只有熟悉利益的方向，才能知晓人性的逻辑。恪守交易的本质去接触人和事情，结局都不会太差。

我见过很多这样的案例。有一次，我们举办同学聚会，有一个朋友在上海的高档小区买了一套房子。同学们表面上都夸着"恭喜，真厉害，以前就看你不一般，会有大成就……"但等他去上厕所，一个女生直接斜着眼说："有什么了不起的？装什么呀？"那一刻我笑了，这就是人性有意思的地方。当面一套，背后一套，说一套，做一套，想一套。所以，看人看事永远不要停在表面。

你要知道，那些衣冠楚楚、西装革履的人也可能会网暴别人，那些有着文身、说话粗俗的人，也可能是心地善良愿意救助流浪动物的人。就比如在同学聚会上，最拼命表现的可能就是混得最差的人，就像电影《夏洛特烦恼》里的夏洛一样。

当然，你也没必要去抱怨，甚至看不起这些表里不一的人。因为他们这样做无非有这么几个原因：要么是有社交压力，要么是出于自我保护，要么是在社会角色中不得不去做这样的选择，要么是自己内在，即自我认知和成长上出现了矛盾。

总之，表里不一也不一定是负面行为，你也别对人性失望，每个人都有自己独特的经历和思考。

思考题

你遇见过表里不一的人吗？你自己有表里不一的时候吗？

利他行为动机实验：
人什么时候会利他，什么时候会自私？

　　说到人性，我们很多人想到的第一个词就是"自私"。可是，为什么有些人自私，有些人利他呢？

　　这里我就要提到我特别喜欢的一本书，叫《人性中的善与恶》，作者是来自美国乔治敦大学的心理学教授阿比盖尔·马什。这本书里所讲述的实验都非常有趣。这本书只研究了一个主题，也是这一节我要跟你分享的主题：为什么有些人自私，有些人却利他呢？是基因变异，是教育问题，还是后天环境改变了一个人？

　　我还曾经看过一本英国社会学家理查德·道金斯写的书，叫《自私的基因》。这本书非常晦涩，里面有大量来自生物学的案例，作者通过介绍这些案例，得出的核心观点是：不单是人类，生物界所有生物的本性都是自私的。因为只有自私，才能够帮助个体获得更多的生存机会，让个体的基因得以延续，这是自然规律，也是一个人没有办法避免的终极困扰。

可是你如果看自己身边的人，你会发现有很多反例。比如那些热心帮助邻里的人、那些给贫困山区捐款的人、那些无偿献血的人、那些救助流浪动物的人、那些捐献器官的人……这些人无私的行为被称作"非凡利他行为"。那么这种非凡究竟非凡在什么地方？其实有三个方面：第一是被帮助对象跟帮助者并不认识，非亲非故，他们甚至只是陌生人；第二是帮助者本身要承受一定的风险，不管是财务上的，还是身体上的；第三是这些行为往往超出了日常的道德要求。

那么什么情况下人会产生自私行为，而什么时候人又会产生这种非凡利他行为呢？这事关人性的复杂之处，今天我就把这个问题跟你讲透。先跟你分享一个故事。

有一个十九岁的女孩在午夜刚参加完聚会，驾驶汽车在美国的高速公路上飞驰，突然，车辆失控了。在高速公路上，这辆车在惯性的作用下猛地旋转了几圈之后突然停下，车头正对准迎面而来的车流。你能想象吗？在高速公路上你的车头对准了车流，而且此时这辆车停在最内的快车道，又在深夜，车辆行驶的速度都极快。女孩知道自己此时面临着生命危险，可是她的车根本发动不了。正在她手脚发抖、不知所措的时候，一个路人发现了她。这个路人在滚滚的车流中找到机会绕了过来，帮助她重新发动了汽车。然后又瞅准一个机会，帮她开车穿越了好几条车道，将车稳稳停在了路边。在她惊魂未定想去找这个人问一下联系方式，感谢他的救命之恩时，这个人却已悄然离开了。

我讲的这个故事是一件真事，是阿比盖尔·马什十九岁时亲身经历的事情。这件事直接改变了她的人生方向。本来她在医学院念书，希望自己成为一名医生，后来她走上了心理学研究的道路，用一生的时间去研究非凡利他行为。

那么，到底是什么促使这位路人做出了非凡利他行为呢？当时他到底在想些什么？马什用很多实验来研究心理学和大脑科学，希望通过实验的方式来找到人做出自私和利他行为的答案。

马什寻找了很多实验群体，最终她找到了一个非常适合的群体——那些向陌生人捐献器官的好心人。这些向陌生人捐献器官的好心人很让人惊叹，因为他们并不是在死后捐献自己的器官，而是在活着的时候就决定捐出一个肾脏。对于我们的身体来说，一个肾脏确实已经足够支持身体运行了，但捐出一个肾脏也意味着抵御肾病的能力会大大降低。所以绝大多数的活体捐献者，他们的捐献对象都是亲人。可马什研究的这些活体捐献者，他们的捐献对象不是亲人，而是非亲非故的陌生患者，且他们不收取任何报酬，甚至不会把名字告诉受捐者。这绝对达到了非凡利他主义的最高境界。

所幸，这些人都给捐助机构留下了完整的电话、姓名、性别等一系列关于个人的信息。于是，马什向这群人发邮件，希望他们可以成为自己实验的志愿者。一开始，马什还有点担心他们不会来，但结果出乎意料，不到一周的时间，整个实验所需的十九位志愿者全部来了。有些人甚至是从几千公里之外的地方赶来的。他们为什么对参加实验如此热心？其实这不难理解，因为他们连肾脏都愿意捐给别人，这也证明了他们是一群心地善良、愿意相信世间美好的好心人。他们相信自己参加这个实验也能给这个世界带来更多善心。

在实验之后，马什发现这一群人跟对照组比起来没有任何的优势，他们就是普通人。但他们的唯一区别是：他们对人类恐惧表情的识别能力远远超过普通人。而大脑的扫描表示，当他们看到恐惧的表情时，他们的大脑里有一个部位明显活跃了起来，就是他们的**杏仁体**。

什么是杏仁体？就是你大脑下侧位于前额皮层正下方，差不多就是你脑中眼睛正上方的一小部分。因为长得像杏仁，所以被称为"杏仁体"。它虽然很小，但作用十分重大。它控制着个体的内分泌、运动、记忆等，个体对外部情绪信息的识别反应也都与它有关。最重要的是，杏仁体和人类的恐惧认知直接相关。有了恐惧，人才会产生共情，产生共情，人就会倾向于帮助别人。

而大脑的扫描进一步表明：这群向陌生人进行活体捐献的利他主义者的杏仁体比对照组要大 8%，而且更加活跃。这就是为什么他们看到别人的恐惧表情时，会特别感同身受，就像事情发生在自己身上一样，迫切地想要去解决它。所以就算是面对非亲非故的陌生人，哪怕自己未来可能会为此承受风险，他们仍然认为："如果我不捐，这个人就会死去，我不能看到他脸上的痛苦和焦虑，我觉得我的做法理所应当。"正是这种共情和面对恐惧时不愿舍弃的责任感，才让他们做出如此令人敬佩的非凡利他行为。

虽然得出了结论，但马什觉得这还不够。于是她设计了针对另外一个特殊人群的实验。她找到一群青少年，按照心理学的行为评定标准，他们已经具备了冷血特质，甚至很多人已经对自己的家人、朋友、同学、邻居表现出了冷血和暴力倾向。马什用几乎同样的方法测试他们，结果截然相反。

相比于对照组，他们对恐惧表情非常不敏感，而且通过大脑扫描发现，他们的杏仁体几乎对恐惧表情没有反应。马什教授继续做实验，发现他们对愤怒、厌恶、快乐、悲伤的表情的反应都很清楚，但是对于恐惧，他们根本分辨不出，甚至不知道恐惧是什么。

冷血病人的杏仁体比正常人要小 20% 左右——这个结果让她得出了一个颠覆性的结论：冷血精神病的病因关键在于杏仁体的缺陷。这一结论也从另一方面表明了马什对利他主义的研究成果。

我们所有的利他行为竟然是来自大脑中的杏仁体对恐惧的理解和共情。

这让我想起了一个著名的实验。有五只怀孕的鼠妈妈，实验者在它们面前放了很多鼠宝宝，并让这些鼠宝宝不停地掉下来。如果掉下来的是自己的幼崽，这些鼠妈妈会把它叼起来，放到安全的窝里。这非常容易理解。但是实验证明，就算掉下来的并不是自己的幼崽，鼠妈妈依旧会毫不犹豫地出手相助。这个实验持续了三个小时，最厉害的鼠妈妈连续做了六百多次救援，但依然精神抖擞。

我想起我外甥出生的时候，我们一家人都围在宝宝身边，尽最大能力照顾宝宝。他并不是我的孩子，可为什么我会在那一刻具备超凡利他特质呢？对照这个实验，我们终于可以明白，那是因为婴儿的面孔跟恐惧之间存在紧密的联系。你想想看，你恐惧的时候，眼睛是不是会瞪得又大又圆，嘴唇会挑起来，下巴缩回去，甚至会哭。你看，这不正像是婴儿最常见的面容吗？这大概也是为什么会哭的孩子有奶吃。如果你总是表现得很强大，别人就很难看到你的脆弱之处而心疼你。但是如果你能够适当地示弱，像婴儿一样，你就会比较容易得到他人的帮助，因为这会激发出他们的利他之心。

我们每个人都有着正常的杏仁体，这是我们共情的基础，也是人性中有善良一面的证据。

所以说，**很多情况下，我们不要把自己太强的一面展现给别人，因为这会让你失去很多机会，失去很多帮助和支持。** 在很多相处情境，尤其是两性相处情境中，我们可以努力释放出一些示弱的信号，让对方利他的天性更好地释放出来。

最后，我想再举一个案例。一位患者由于后天疾病的影响，在十几岁的时候，大脑的杏仁体受了非常严重的伤。虽然他对人的恐惧表情和认知理解产生了严重的障碍，但他并不会对别人的痛苦无动于衷，而一直是一个慷慨且善良的人。那让他逃脱冷血宿命的力量到底是什么呢？答案是在他生病之前，他已经养成了积极健康的生活习惯。这让他知道什么是对的，什么是错的。后来就算他的杏仁体受损，他在环境中形成的习惯也足以让他对抗生物学上的冷血。所以环境真的很重要。我一直跟大家讲，环境的影响力是超过基因的，如果你有一个好的生活环境，你的一切都能变得更好。

这也是我们这节人性课中最核心的概念：**改善你的环境。**

不过，有什么办法可以改善你的环境呢？

分享给你几个办法：

第一，用一切办法改善你的经济条件。一项关于美国50个州肾脏捐献的调查表示，经济条件越好的州，肾脏捐献的比例越高。有时候人们的物质条件丰富之后，帮助他人的欲望才会变强，因为后顾之忧减少了。

第二，提高自己的文化水平。有一个实验表明，阅读小说越深入、时间越长，越能提高你的共情能力。为什么呢？因为小说可以将你带入人物的遭遇和情感中，让你产生共情。电视跟电影不行吗？也可以，但是带入效果没有小说好，因为其过于写实具象，反而会影响你的思考和想象。所以读好书，尤其读一些足够让你产生情感共鸣和思考的优秀小说，能帮你提高你的利他水平。

第三，努力提高同理心。所谓提高同理心，就是要经常换位思考。比如我的姐姐经常跟我的两个外甥说："你们一定要换位思考，你想想看，弟弟被你撞一下疼不疼？你想想看，哥哥被你打一下难受吗？"这样引导之后，孩子会更容易体会到自己的行为带来的后果，从而减少不好的行为。

所以，我想你知道了。人性并非非好即坏，一个人在某种状态下可能会成为利他的人，也可能会成为自私的人。关键在于你的境遇和你内心的修炼，这会让你做出不同的选择。

你有过利他行为吗？如果有，想一想，你当时为什么会选择这么做？

10

霍桑实验：
人怎样才能表现得更好？

　　这些年当老师，我发现一个很有意思的现象，无论多么调皮的学生，只要你记住他的名字，经常叫他的名字，他的表现就会瞬间变好。甚至他会为此做更多的预习和复习，上课举手和你互动，最后获得成绩上的进步。这究竟是为什么呢？这也跟人性息息相关。

　　今天我来跟你分享两个实验，都非常有趣。第一个叫霍桑实验。霍桑实验很多人都听过，这个实验所得出的结论叫作**霍桑效应**，也叫**宣泄效应**。

　　1924 年 11 月，以哈佛大学的心理专家乔治·埃尔顿·梅奥为首的一个研究小组进驻了一家电器公司，这家电器公司叫作霍桑工厂。霍桑工厂很有名，它是美国西部电器的一家分厂。当时这个小组进驻的初衷是，试图通过改善工作条件或者环境等外在因素，来提高工人的劳动生产效率，看看哪些外在因素可以让工人们更好、更快、更有效地去劳动。于是他们选了车间里的六名女工作为研究对象，连续进行了七个阶段的实验。在这七个阶段里，每次都有一个变量发生改变，比如照明、工资、休息的时间、午餐、环境等。他们想要据此推测出影响工人生产效率的因素。

很遗憾，这个实验最终以失败告终。不管外在因素怎么改变，研究对象的生产效率都没有提高，甚至没有变化。这到底是为什么呢？为了提高工作效率，这个工厂又请来了很多心理学家。在将近两年的时间内，心理学家不断找工人谈话，谈了两万余次，很多还被记录在案，他们耐心地听取工人们对工厂管理的意见和抱怨，有些工人在谈话时甚至会大声喧哗和咒骂。而当他们让工人们把负面情绪尽情地宣泄出来后，霍桑工厂工人的工作效率居然大大提高了。后来心理学家就把这种现象称为霍桑效应。

从这个实验中我们可以领会到：人的一生中会有数不清的矛盾、痛苦、期盼，但最终能实现和满足的期盼，以及能解决的矛盾和痛苦却为数不多。对于那些不能实现或者不能满足的意愿和情绪，我们千万不要把它们压制下去，因为这样很容易让自己陷入抑郁状态。而抑郁状态会让自己的工作、生活效率都变得很低。所以，**你要千方百计地把不满的情绪**

宣泄出来，这对于你的身心健康和工作效率的提高都很有利。

所以你看很多时候，人很难坚守一个秘密，因为把秘密憋在心里的感觉太难受了，但当他把秘密讲出来的时候，他的心情、状态都会好很多。

但是我今天想说的并不是这个实验的结论，而是从霍桑效应得到的一个直接的启示：**当一个人受到公众的关注和注视时，他的学习和工作效率将会大大增加。**而这就是人性的秘密。

在历时九年的研究和实验中，学者们意识到，人不仅仅受外在因素的刺激，更有自身主观上的刺激。从霍桑实验本身来看，这六名女工被抽出来参加实验的时候，她们就意识到自己成了一个特殊群体。她们虽然不知道自己为什么被抽出来，但这说明自己一定是特殊的，于是，这种受关注的感觉让她们加倍努力工作，以证明自己是优秀的，是值得被关注的。

我本人算是年少出名了，二十四岁就写下了人生第一本百万级畅销书《你只是看起来很努力》。我之所以这些年能够一直"开挂"，在任何领域做一些事儿都能有一些小小的成就，就是因为从二十四岁开始，我的微博粉丝从几十万迅速增长到四百多万。我知道我的一言一行、一举一动都被很多人关注。这种被关注、被重视的感觉，让我做每一件事、说每一句话时都很慎重，从而付出更多的精力和努力，甚至我在每次准备演讲时，都必须写稿。因为我希望自己的优秀可以伴随一代年轻人的成长。我并不是因为多么优秀而被人们关注，而是因为被关注之后，我逼自己变得更优秀。这也就是关注的力量，也是霍桑效应给我带来的启发。

英文中，把"杰出的"叫作"outstanding"。把"outstanding"变成动词的形式，叫"stand out"，可以翻译为"脱颖而出"，更直接一点理解，叫"站出来"。可以这样理解：就是当一个人站出来，被更多人看到了，他便具备了更多的发展可能，于是变得杰出。很多时候，我们并不是因为一个人优秀而注意到他，而是你先注意到他，然后他才开始变得优秀。

下面我来跟你分享另外一个实验。在一所国外的学校里，入学时会对每个学生进行智力测验，以智力测验的结果把学生分到普通班和优秀班。结果有一次，这个学校犯了一个巨大的错误，在一次例行检测时，把刚入学学生的测验结果颠倒了——优秀班的学生其实是测验结果普通的孩子，而真正被测试为聪明和厉害的孩子却在普通班。可是，有趣的事情发生了，一年之后，这批学生的课程成绩竟然同往年一样。优秀班的孩子很优秀，普通班的孩子很普通。

这个实验有一个非常重要的因素，就是学生们的智力测试结果并没有被学生们知道，也没有被家长们知道。所以家长和学生都以为自己的孩子本就应该是优秀班或者普通班的，并没有察觉到异常。原本普通的孩子被当作优等生对待，他们也就认为自己是优秀的了。而额外的关注加上心理暗示，让这一群测试结果一般的孩子变成了常人眼中聪明的孩子。

所以我经常跟很多家长讲，你不要总是骂孩子，要多夸他。不仅要夸他，还要以看全世界最聪明、最优秀的孩子的眼光去审视他，去和他互动。只有这样，他才能感觉自己是夜空中最亮的一颗星。丑小鸭什么时候能变成白天鹅？并不是通过努力去修炼，而是当有人真的认为它是白天鹅时，它才会变成白天鹅。

从这个角度，我们就可以理解很多明星、偶像——这些长期被人关注的人，为什么会表现得越来越优秀，十分多才多艺。原因就是霍桑实验所反映出来的道理：夸奖和关注真的可以造就一个人。

从自我的角度出发，**你认为自己是什么样的人，你就可以成为什么样的人。而你认为自己是什么样的人，多半是从旁人的角度得到了答案。**

我继续把这个实验引申一下，告诉你当一个人从一群人中被挑出来时，他能有多么强的自豪感。

1969 年，两位心理学家做了一项实验，让参加实验的被试者听到隔壁办公室好像有一个女人从椅子上重重摔了下来，并且大声呼喊："救命啊，天哪！我的脚不能动……我的踝骨……这个东西我拿不开它……快来帮忙啊……"整件事大概会持续两分钟，实验者观察不同情境下被试者的反应。

第一种情境，被试者单独在场，有 70% 的人会站起来去帮助那个不幸的人。第二种情境，事情发生时有两个陌生人在场，注意是两个人，结果只有 40% 的人去帮助那个不幸的人。第三种情境，被试者与一位态度消极的实验助手在场，他对被试者说不用帮忙，结果只有 7% 的人去帮助那个不幸的人。事后，实验者问他们为什么不去帮忙时，他们都觉得这没有什么问题吧，其他人也没帮忙，我为什么要帮忙呢？

人都是喜欢从众的，当一个人发现这个事情并不需要帮忙，并且身边的其他人也没有动手去帮忙的时候，那他自己大概率是不会动的。

后来在 1970 年，有一位社会心理学家发现，如果有其他的旁观者在场，会显著降低人们介入一些紧急情况的可能性。在 1980 年之后，有近 60 个实验研究比较了一个人独自一人以及和他人在一起时的社会行为表现，其中大约 90% 的实验都证明人们在独自一人时更可能提供帮助。这其中还有一个实验：发现在场的人越多，受害者得到帮助的可能性越小。

　　我们看过很多这样的现实案例，当人们需要帮助的时候，明明周围有很多人，但为什么人们仍然无动于衷、冷眼旁观呢？原因就是以上实验所得出的结论，但还有另一个被我们忽视的因素，那就是受害者的求助方式错了。如果我需要帮助，我会对着围观中的一个人大喊："那个穿蓝色衣服、白色球鞋的人，请你帮帮我。"实验证明，当你指明一个人帮你时，你获得帮助的可能性会大大增加。为什么？因为当你指明对象的时候，这个人就被"突出显示"了。被叫出来的时候，他注定要做一个"脱颖而出"的人。因为此时他正被人注目，所以他会拿出最好的表现反馈给我们。

　　我写过一本书叫《人设》。你看到的是人设，我过的是人生。你看到的是我最好的一面，那么我最好的一面如何能被人看到？就是当我站出来的时候。可是一个人想自主站出来是多么困难，所以，当我们想让对方表现出更好的一面时，我们就应该帮助他站出来，让他以更好的一面去面对我们。只有这样，我们才都能拥有更好的人生。

思考题

　　假设你现在要考研，或者你的孩子马上要考试了，你该如何用霍桑效应帮助他，激发出他更好的一面呢？

11

街头音乐家实验：
怎样表现出更大的价值？

我的一个好朋友，请允许我不说出她的名字，因为她有点名气，是某地作家协会的副主席，一查就能查到。

我没看过她的作品，但是每次我们在一起吃饭的时候，她总能带来非常昂贵的酒。

每次吃饭，她的饭桌上都是一群大人物，这些人都是我在普通场合见不到的。而且，她几乎一年出一本书。我跟她的相识就是因为她有次出完书给我送了一本，然后问我能不能帮她推荐一下。基于对她的认识，我对她的作品质量也是很信任的，几乎毫不犹豫地答应了。

直到我看了她的作品。

我在一个下午安安静静地看完了她的小说，整体感受就是一个字：差。说实话，她写的内容真的不好。所以我感到很诧异，为什么我会觉得她的作品一定很好呢？后来我明白了，那是因为她的身边都是一些厉害的人，这些人的存在让我觉得她很有实力，这个印象不只体现在我对她在经济实力和人际交往方面的看法，还影响到了我对她其他方面能力的评估，再加上她曾出版过多部作品，以至于我在还没有看她的书之前，想当然地认为她的作品一定非常好。简单点说，就是因为她周围的环境，让我高估了她在某些方面的价值。

这也是我今天要跟你分享的关于人性的一个秘密。相同的东西放在不同的位置，它的价值是不同的。我用一句话来概括它：不同的人，处于不同的位置，往往能呈现出不同的价值。这也就是我们经常说的，垃圾是放错位置的宝物。

我来跟你分享一个实验，这个实验的主人公叫约书亚·贝尔，是美国著名的小提琴家。有一天，他来到了华盛顿特区的地铁站，准备在那儿演奏他的六个经典作品，预计演奏时间是45 分钟，他所用的小提琴，也是当今世界上最名贵的小提琴之一。

这个实验是美国《华盛顿邮报》的一位资深记者组织的，他之所以会邀请贝尔参加这个实验，是因为贝尔是目前世界上最著名的小提琴家之一，他以精湛的演奏技巧和美妙的琴声享誉世界。他十八岁就已经亮相于各大音乐厅，后来获得格莱美奖，还曾凭电影《红色小提琴》中乐曲的演奏，获得了奥斯卡最佳配乐奖。圈内人称他为 "Joshua plays like a god!" ——像上帝一般的小提琴手。

在实验开始之前，《华盛顿邮报》的记者和他的编辑们做了很多详细的预案，其中还包括万一发生骚乱该怎么办？他们提前跟警方沟通好，甚至还咨询了资深的音乐专家，让他们评估一下实验结果。这些音乐专家说，在 1000 个人里面至少有 30 ～ 40 人能够辨别出音乐的好坏，有 75 ～ 100 人可能会停下脚步，花一些时间去听，甚至有几个人可能会认识他。大家评估完之后，算了一个平均值，认为约书亚·贝尔应该至少有 150 美元的收入。

他们认为，这种水平的演奏，放在任何地方都会有人停下来去倾听。可是，在约书亚·贝尔这 45 分钟的演奏时间里，一共有 1097 个人从他身前走过，但大部分人都没有注意到他。表演进行到四分半钟时，才出现了第一个把钱放进贝尔面前盒子里的人，到第 6 分钟才有一个靠墙听了一会儿的听众，而所有经过的人当中，只有第 7 个人停下来的时间超过了一分钟。

最后统计下来，有 27 个人给了钱，但是给完就走，没有留下来。整场演奏下来，贝尔一共得到了 32 美元 17 美分。是的，很多人给的都是美分。有一个妇女还差点报了警，因为她觉得这个人在这儿拉琴，影响她做生意。直到她听了一会儿，发现他拉得还不错，才没有报警。

在贝尔演奏完之后，没有人鼓掌，甚至没有一个人认出这位"街头卖艺人"就是世界上最优秀的小提琴家之一。有趣的是，三天前他在波士顿交响音乐厅里的演出，票价最少为100美元。值得一提的是，他演奏的那把小提琴就价值350万美元。

我想你应该听懂这个实验所反映出的人性的秘密了：一块石头，它出现在菜市场、古董店和博物馆的价值完全不一样。同样的，一个人出现在不同的城市、不同的公司、不同的圈子里时，他的价值也完全不一样。这就是环境的重要性。

我来北京之后，特别喜欢喝北冰洋汽水，我发现北冰洋汽水是一个非常有意思的"价值体现"的产品。它在超市里时可能是三四元钱一瓶；如果你去稍微好一点的餐厅用餐，再买它可能就需要10元钱了；如果你去北京饭店或者昆仑饭店，同样一瓶北冰洋汽水，25元钱你也会买。为什么同样的商品在不同的地方价格不一样呢？这就是市场规律。人也是一样，你在不同的地方所展现出来的价值也是完全不一样的。

我的第一本书叫《你只是看起来很努力》。当时我把这本书交给了一家出版社，这个出版社的编辑是我通过很多人的介绍才找到的。我那时还在新东方当老师，根本不知道出版行业的规矩，也不了解出版一本书到底需要经过哪些步骤。我把稿子交给他之后，他看完说这个作品想要出版的话需要自费。我听后非常失落，因为我肯定是认同并喜爱自己的作品才想要把它出版的，但是我还是决定准备钱进行自费出版。可是他把我的作品改得乱七八糟，说我的作品很多地方不符合主流价值观。

就这样，我把稿子拿了回来。后来我对比了我手上的资源，把稿子交给了另一家出版社。最后，这家出版社将这本书整整销售了 100 万册。我也终于明白，位置不同，价值不同，结果自然不同。

这就是我鼓励年轻人去大城市工作的原因。因为当你的舞台更大，你的表现机会更多，你的发展可能性就会更大。我经常会反思，如果我回到了家乡，可能我的写作能力没有发生变化，未来我可能会成为一名编辑。但当我来到了北京，认识了这些写作圈的朋友，我才有机会成为一个作家。这种变化的本质，就是所处环境的不同。

讲回我的那位作家朋友，为什么她出来聚餐时总是带着茅台，且邀请这些大人物出席呢？因为她非常清楚，她需要把自己放在一个更高的圈层里，只有这样她才能够让别人知道她是一个有能力的人，从而让别人觉得她是一个优秀的作家。这就是人际交往的逻辑和规律。

所以，**你要跟厉害的人交朋友，要让自己看起来更有价值，只有这样，你在别人的眼里才更有价值，你的生活才会越来越好。**但你也要明白，并不是让你去"混圈子"，因为当你自身能力不够的时候，你是不可能有机会接触到那些厉害的人、事和物的，这时不管你怎样去努力，你所做的社交也都是无效社交，就算你获得了对方的联系方式，给对方发了信息，他也不会回复你，你跟他顶多也只是"点赞之交"。所以改变环境的关键在于，先让你自己变得更好。

如何让自己变得更好、更有能力呢？对于我们普通人来说，**一个好方法是让自己有一技之长，这可以成为你打开新的社交关系的敲门砖。**

而当你有了一技之长，能力变强的时候，请记住两句话。第一，去跟厉害的人交朋友，看他们怎么生活，试着将他们展现在你的交往圈子里。第二，一定要远离那些负能量的人。只有这样，你才不用拿一把350万美元的小提琴在地铁站里演奏。

思考题

你觉得你现在所处的圈子有利于你表现自己的价值吗？

第三章

人际关系中的底层逻辑

12

海岛文学实验：
你应该交什么样的朋友？

　　终于来到本书的第三部分。在这里，我想跟你分享人际关系中的底层逻辑。这是人性的重要组成部分。

　　很多读者之所以选择读这本书，就是特别想了解人。这是非常重要的。想要了解这个世界上人际关系的运转规律，你就必须从研究人入手，了解人心，了解人性。

　　有一本对我影响很大的小说，这部小说来自诺贝尔文学奖获得者威廉·戈尔丁，我读完后久久不能平静，这部小说的名字叫《蝇王》。很多作家在经历了"一战""二战""之后，写出的都是现实主义题材的作品。而戈尔丁不一样，他写的是关于一群孩子的寓言故事。戈尔丁通过一群孩子在一个小岛上发生的故事，从底层探讨了人性的善恶。

　　这个故事设定发生在未来第三次世界大战中。在一场核战争之后，几乎所有的大人都被炸死了。只剩下一群六到十二岁的儿童。但在撤退途中，因为飞机失事，他们被困在了一座荒岛上。

像美剧《迷失》、黄渤主演的电影《一出好戏》，都是讲的人们被困在一个岛上的故事。在岛上，因为没有规则、没有食物，只有拳头，人的兽性就爆发出来了，所以迫切需要人们重新制定规则，约束兽性。

"蝇王"是"lord of the flies"的翻译，最先来自希伯来语，是"丑恶、万恶之首"的意思。其中，"flies"就是苍蝇的意思，那"苍蝇之首"是什么？答案是人性之恶。

这群男孩大约有三十个人，最小的男孩才六岁，最大的也不过十二岁。最先出场的人物叫拉尔夫，他和一个胖胖的、有哮喘病叫"猪崽儿"的孩子首先相遇了。拉尔夫捡到了一只很漂亮的海螺，他把它像号角一样吹响，孩子们听到了海螺声从四面八方聚集到了他的身边，其中最引人注目的是一队穿着唱诗班制服的孩子。聚集过来的孩子虽然很狼狈，但这一队唱诗班的孩子在班长杰克的带领下，竟然保持着良好的秩序。两个主要人物就这样见面了。拉尔夫和杰克：一个拿着海螺，身材高大，有高超的智力；另外一个有着极强的领导力，带领着一群唱诗班的孩子，有超强武力。他们谁会成为这群孩子的领导者呢？

值得一提的是，这帮孩子落到岛上后，第一反应并不是害怕，而是开心地想着终于没有人管我了。所以他们觉得，既然没有管束了，就该自己管自己了。但他们还是需要一个"老大"，于是他们开始选举自己的首领。孩子们你一言我一语，觉得应该选那个拿海螺的孩子，因为是他把大家召集起来的，所以他们选了拿螺号的拉尔夫当首领。但这一选择，一下子把杰克给得罪了。

当选为领导后，拉尔夫做了如下事情：

第一，点一个火堆，保证岛上白天有烟升起来，这样来往的船只如果看到，他们就得救了。于是他用小男孩"猪崽儿"的眼镜，借助太阳光生起了火，点燃了岛上的第一把火。

第二，拉尔夫带着大家制定了各种规则，比如哪些孩子值班，哪些孩子收集淡水，哪些孩子采野果，还有晚上大家在哪儿睡觉，在哪儿上厕所。

第三，拉尔夫开始笼络杰克，因为他看出杰克对他的敌对之心，所以两个人必须把关系搞好，如果不把关系搞好，杰克很可能带着一帮人"造反"。所以接下来，拉尔夫邀请杰克参加打猎活动。杰克在打猎的时候利用不同颜色的涂料，把一边的脸颊涂成白色，一边涂成红色，还用木炭从右耳根到左下巴画出了一条黑色的线。这样一种伪装性的装扮，让他和他的团队开始在打猎中占据优势。他们用自制的标枪围捕野猪，给大家提供了美味的肉食。

本来按照这些规则，他们可以很稳定地生活。谁知这个时候起了风波。岛上的林子里总有一些奇怪的鸟叫声和风声，大家都说这是怪兽的声音，所有人都吓得要命。这时候拉尔夫和"猪崽儿"安抚大家，说我们都学过，这世界上没有怪兽，"猪崽儿"还给大家做出了科学的解释，说这个岛上的生态系统很简单，最多只有野猪，不可能有怪兽。

可是孩子们听不进去，因为幻想的威力是巨大的。此时杰克站了出来，他给出了一套完全不同的解决方案：击败它！他把木棍削尖作为武器，要带着大伙儿到森林里去和怪兽战斗。很多小孩儿一听，觉得还是杰克厉害，就跟着杰克走了。而拉尔夫坚定地说得有人看着火，不能让火熄灭。这个时候，孩子们的意见开始出现了分歧。杰克带着一部分孩子去森林里寻找怪兽——可是根本没有什么怪兽，最后找到的所谓"怪兽"其实就是一具腐烂的飞行员的尸体。但在寻找怪兽的过程中，孩子们越来越大胆，在杰克带领团队猎杀了一头野猪之后，他命人把一根木棍两头削尖，一头插进石缝，然后把野猪的头挂在木棍上——他们用这种方式来展示他们的强大力量。

虽然没有找到怪兽，但在追击怪兽的时候，杰克很勇猛，跟着他的孩子们也开始变得疯狂了。

杰克把猎杀的野猪烤了，把肉分给大家吃，肉的香味飘到了拉尔夫那儿。这帮留守的孩子吃了一个多月的香蕉，烤肉香味一飘过来，孩子们就都涌到了杰克那边。没有什么事情是一顿烤肉解决不了的，如果有，就吃两顿。这下子，杰克声望大增，只有少数几个孩子还跟着拉尔夫。

人们一旦开始释放野性，理性很快就会荡然无存。当然，拉尔夫还是理性的，他关心的是篝火，因为篝火不灭，总会有被救的机会。可是维持篝火并不容易，他需要专门的人力成本，而这些人也是狩猎队的杰克所急于招揽的。所以有一个选择摆在了其他孩子的面前：是选择长远利益维持住篝火跟着拉尔夫，还是保证短期利益跟着杰克有肉吃。如果少吃肉或者吃不上肉，每天的日子都很难挨，就算篝火被保护得再好，但什么时候才会被其他船只发现呢？可如果为了吃肉而牺牲篝火，就相当于彻底放弃了获救的机会，他们要在岛上生活一辈子吗？这显然更让人无法接受。怎么办？此时人性的力量开始慢慢展现——要选择即时满足还是延迟满足，可是如果一个孩子选择了延迟满足，其他小伙伴却选择了即时满足，那么他该怎么办呢？

　　局势变得越来越紧张，直到杰克一伙偷袭了拉尔夫的阵地，偷走了"猪崽儿"的眼镜——那是岛上唯一可以生火的工具，孩子们的关系才彻底陷入了混乱。

　　拉尔夫这边只剩下了四个人，他们去找杰克理论，结果其中一对双胞胎兄弟被俘，在受过了一顿拷打之后也投奔了杰克。最后只剩下拉尔夫和"猪崽儿"在一起。

　　拉尔夫一气之下去责骂杰克，说杰克非常野蛮，可杰克懒得跟他废话，上来就推了拉尔夫一把。拉尔夫没有还手，因为他认为自己是一个文明人，不是野蛮人。可是杰克的手下一看，拉尔夫这么软弱，于是他们开始朝拉尔夫和"猪崽儿"扔石头，两人一边退一边躲，一个不小心，"猪崽儿"落到了悬崖下面，摔死了，海螺也被摔碎了。这一下，全部乱套了。

　　他们一看有人死了，之前自己手上沾的是猪血，现在沾的是人血了。人性恶的开关一下子被打开了。杰克大喊一声："跟我来，杀'野猪'，放他的血！"所有人都冲了出去，但他们追杀的不是野猪，而是拉尔夫。拉尔夫急忙奔逃，躲在了树林里，杰克为了逼他出来，放火烧了森林，整个小岛成了一片火海。拉尔夫这时才不得不相信，杰克一党是真的要杀了自己。

　　猎手们全部像杰克一样把颜料涂满了脸颊，高歌狂舞，反复唱着杀野猪的歌，而他们围捕的野兽竟然是他们曾经的同伴，是和他们一样来自文明社会的孩子。那么这一群来自现代文明社会的孩子，是什么时候失去了人性的？

小说的后半部分，戈尔丁描写了一个很经典甚至很吓人的超现实情节。之前提到过，孩子们在营地门口曾用一个削尖的棍子挂上了一个被砍下来的猪头，现在上面已经落满了苍蝇，看着很吓人。有一天，一个小男孩儿靠近那个腐烂的猪头时，苍蝇中的蝇王说话了。

蝇王问："小孩儿，你想知道你们为什么会落到这个田地吗？"

小孩儿吓坏了，说："不知道。"

蝇王说："因为我呀。"

小男孩儿说："你是谁呀？"

蝇王说："我就是你呀。"然后发出一阵狂笑。小男孩儿吓得晕倒了。

是啊，万恶之源，就是每一个疯狂的孩子。

直到最后，猎手手持削尖的标枪找到了拉尔夫。拉尔夫摔倒在海滩上，不停地打滚，然后趴下来，举起手准备求饶，他知道自己可能要死了。可是预想中的悲剧并没有发生。拉尔夫摇摇晃晃地站起来，准备经受更多的伤害时，他看到了一名海军军官和他身后的一艘快艇。

是森林大火引起了英国军舰的注意，他们登岸了，救援者终于出现了。

故事戛然而止，但我久久不能平静。很长一段时间里我都在思考一个问题：明明是一群很好的孩子，为什么在没有规则的情况下他们会变得如此疯狂？

直到我开始写这本书的时候，我才知道，这就是人性：如果没有规则，孩子更容易变成乌合之众，爆发出更强烈的兽性。

所以这个故事能给我们关于人性的什么启发？

太多了。我们来分析一下，为什么这么多人会选择跟着杰克？因为杰克给了大家一个拉尔夫没办法给的目标——击败怪兽，这是精神上的振作；杰克还给了大家拉尔夫给不了的物质需求——肉，这是身体上的满足。

这也是我后来慢慢明白的道理。如果你想要跟一个人交朋友，那么你也需要做到两条：第一，和他制定一个共同的目标，创造彼此精神上的连接；第二，能给他一些物质上的好处。这就可以了。比如，无论是杀野兽、吃肉，还是维持篝火不灭，都是一个目标，孩子们在这样的目标下走进了同一个阵营，成了伙伴。但是请注意，完成这样一个目标的朋友都是暂时的。

为什么会这样？那是因为他们有的只是短期的目标，吃完肉，肉消化完，他们就要去寻找下一只野兽。可有那么多野兽吗？没有。所以当野兽被猎杀完了，他们就会从合伙人变成散伙人。

可为什么有些人可以成为长久的朋友呢？那是因为他们有着共同的长远目标，比如希望篝火永不熄灭，直到等来救援。这表明，是共同的信仰和坚持让彼此成为长久的朋友。

所以，我们在寻找创业或者其他伙伴时，应该去选择能跟自己长期做朋友的人，这样我们才能持续成长。**短期目标所维持的，往往只是利益关系，很难长久。**

另外我还发现，一些有意思的事情能够让人们成为朋友。但这种朋友不单单是朋友，还是一种非常极端的共同体。比如：当你们有共同的敌人——无论是真实的还是虚幻的；当你们有共同的迫切的需求——无论是物质的还是精神的；当你们有了同一位非理性的领导——只剩下情绪的引导。这三点，在任何时候所促成的"朋友关系"，都只是乌合之众，所导致的结果都只能是悲剧。

而《蝇王》这个故事中的悲剧，很大程度上也与这三点相关。

第一，孩子们有共同的敌人，就是大家想象中的那个怪兽。后来，那个怪兽慢慢变成了拉尔夫。

第二，他们有基础的迫切的共同需求，那就是吃肉。吃肉是一个埋在我们基因里的东西，那代表着欲望，与权力密切相关，我们的基因迫使我们跟随有肉的人。

第三，就是有一个共同的非理性的领导。杰克告诉孩子们，你们之所以没有肉吃，是因为有怪兽、有拉尔夫，干掉它、干掉他，你们就可以得到肉。

这是一本写给成年人的小说，它让我重新思考了自己交朋友的理念。

当你的目光里只有吃肉，你可能看不到篝火。当你只有短期的赚钱的渴望，你会发现你交的朋友可能就和钱有关。他们不会陪你走得更远，因为一旦你没有钱了，他们也就作鸟兽散了。**但当你看着满天星河，你就能和小王子成为朋友。**

我想到了另外一本小说，叫《了不起的盖茨比》。我想起当盖茨比死去之后，竟然没有一个人去收殓他的尸体。只有故事里的"我"把盖茨比埋葬之后，默默地离开了纽约。那种感觉，十分令人寒心。

不过回头想来，这不就是人性吗？**因为钱聚集起来的人，也会因为钱而离开；因为感情和未来聚集在一起的人，感情还没结束，未来还在路上，也就不容易说再见。**

如果你在故事里，你会投靠谁？

13

马斯洛需求层次理论：
人性需求的最高层次是什么？

　　说到关于人类需求的研究，不得不提到一个人：亚伯拉罕·马斯洛。他是 20 世纪 50 年代人本主义心理学的主要创始人，也被人称为"人本主义心理学之父"。他最有名的理论就是需求理论，从需求层面把人性做了分层。

　　马斯洛创立的人本主义心理学的最大特点就是以人为中心，强调人的本性和正面的价值，提出了要以最优秀的人作为研究对象。而在此之前，心理学研究的最多的是心理变态者、精神病患者，或者在实验中用小白鼠作为研究的对象，而不是人。马斯洛的人本主义心理学，形成了心理学的第三思潮。

　　本节，我们就来探讨人性的需求层级。

　　在研究人类需求时，马斯洛的落脚点是人类需求中最本质的东西，包括吃饭、睡觉、性爱这些浅层的欲望，除此之外，还有哪些是刻在人类基因里的、最本能的需求呢？最后马斯洛归纳出了五个层次的需求，它们就是生理需求、安全需求、归属需求、尊重需求和自我实现需求。

这五大需求刚好组成了一个金字塔，从下到上，一层接着一层。他认为这五大需求就是人类天性中最为本质的一部分，因为有了它们，人性才被彰显了出来。

马斯洛认为，人的需求是连续不断并且没有休止的，一个需求被满足之后，另一个需求会立刻出现并取代它的位置，就像金字塔从底端到顶端的延伸。人类可能永远不会彻底满足，直到你完成了自我实现。

第一个需求叫生理需求，就是吃喝拉撒睡和性爱的需求，人类需要通过满足这些需求来维持体内的生理平衡。这些需求所针对的基本对象就是食品、水、异性。生理需求是人类最基本的需求，一个人如果连温饱都解决不了，是不可能去追寻伟大理想的，就像一个长期饥饿的人，你跟他说接受教育对他的人生有重要意义，他肯定听不进去，也没有余力去思考这些，因为他连饭都没有吃饱。他当下最大的渴望就是先把肚子填饱，再去谈梦想。对于我们来说也是这样，我们能安稳地在学校中学习，肯定是建立在生理需求被满足的基础之上的；而当我们进入社会，可以赚取赖以生存的收入时，我们首先要解决的也是生理需求，就像没有人愿意做一份薪水连肚子都填不饱的工作。

当一个人解决了生理需求，就会开始寻求安全需求。所谓安全需求，就是保证自己拥有免于受到惊吓的力量和权利，是对一种井然有序的外部环境的需求。比如我们喜欢稳定的工作，喜欢给自己买保险，喜欢让自己的每一天都过得有规律而非状况百出，喜欢能够看到熟悉的人，做熟悉的事情，这些都是对于安全感的需求。这也就是为什么很多女生相亲的时候会说，我特别想找一个让我有安全感的男朋友，因为她们希望能满足自己的第二个需求——安全需求。

当一个人的安全需求被满足，他就会开始寻求第三个需求——归属需求——的满足。还记得我的父母刚来北京时，会每天早上十点钟定点来我家。来了一个多星期之后，我的父母开始改造我的房子了。我父亲把我所有的书架跟衣架都修整了一遍，我母亲把她最喜欢的乌龟也拿到了我家里。一开始我没明白他们为什么要这样做，后来我明白这就是归属需求了。因为我在这里，我父母觉得他们自己也归属这儿，所以会把这里按照他们喜欢的方式去调整。

这里所说的归属需求，基本就是指对于友情、爱情等情感的需求。在满足了基本的生理需求和安全需求之后，人们会强烈地感到孤独无助，这时他们需要找到属于自己的群体。

比如和亲人、朋友、老乡、同学等进行情感联络。我自己就在最无助的时候去参加过很多战友会、老乡会，渴望找到属于自己的团体。很多合群的行为，也是在这一需求的驱使下做出的。

当你合群之后，你又会产生一个新的需求。这是因为有了团体的庇护还不够，你还需要群体中的个体给予你尊重和重视，这就是更高一级的需求——**尊重需求**。这也是人性中一个必不可少的需求。所谓尊重，就是其他人对你有高度的评价，正视你的需求。这种需求会增强人的信心，使人的自卑感消失。这就是为什么很多医生、律师、知名作家特别喜欢出席一些活动，因为他们每次出席活动，都能享受到一种社会和他人对他们的尊重。所谓"士为知己者死"，在很多人看来，尊重的重要性甚至大于生命。当你加入了一个群体却不能在其中感受到尊重，那你的加入还有什么意义呢？

最后，也是金字塔最顶层的需求，叫作自我实现需求。所谓自我实现，就是人对于自我发挥和完成的欲望。它是一种倾向，让自己的潜力能够发挥，使自己成为独特的人，成为他所能成为的一切。这是典型的存在主义的根基——**你可以成为任何你想成为的人**。换句话说，自我实现就是一个人能够成为什么，而他就应该去成为什么。

这就是人类需求的奥秘。从生理需求到自我实现的需求，从低到高排列。人们不会因为获得了一种需求就感到满足，因为需求是逐渐升华和发展的。一旦人们的某种高级需求长时间得到了满足，比如获得了认可和价值感，高级的需求就会变得"独立"，让人不再依赖低级的需求，甚至会鄙视自己曾经引以为傲的低级需求的满足。

对于大部分人来说，很多需求都只是某种程度上的满足，高层次的需求很多人终其一生都无法彻底满足。但是，当你弄明白人的需求是不断地、无休止地出现的，一个需求被满足，另一个需求会迅速出现并替代它之后，你就会慢慢明白为什么很多人会有各种各样奇怪的需求，甚至这些需求之间存在矛盾，那是因为人们在满足更高一级的需求之后，思想也会发生变化。而这些需求的本质都是通向四个字——自我实现。所以不要去讽刺那些还在温饱线上挣扎，没有安全感或者归属感的人，因为他们还在努力。当他们不断满足自己的需求时，你会发现他们也和你一样，都在朝着自我实现的道路前进。

那么，我们应该如何获得自我实现呢？马斯洛给了我们几条很关键的建议，我结合我的经历做了一个总结：

第一，产生心流并忘我地工作。 越长大，我越羡慕小孩子，他们在玩一件玩具、做一个游戏时，那种全神贯注、忘掉一切的感觉，是我现在很难达到的状态。这就是小孩子的自我实现和"高峰体验"。但我们越长大，越难以进入这种忘我的状态，这种忘我的状态也就是我们现在所说的心流——忘记一切周边的事物，呈现出一种孩童般纯洁无瑕的状态。我每次在写作、备课的时候，最容易进入这种状态，感觉身边所有的人和声音都消失了，只留下了我在文本中追求理想，这的确是很幸福的。

第二，持续成长。你的生活中充满了选择，每次选择都有前进跟后退。自我实现的过程就是把每一次选择都变成成长，而不是想着我还有后路，我还可以退缩。我曾写过一本书，书名叫《你没有退路才有出路》，就是鼓励每一个人不要总给自己找退路，人只有不顾一切向前冲的时候才可能爆发出更强大的力量，体会到自我实现的感觉。我的理解是：当你每一天都没有进步，这就是一种内耗；但是当你每天都在进步，生活里充满希望，你也就接近了自我实现的阶段。

第三，保持真实。保持真实其实很难，比如当你谈恋爱的时候，你肯定会极力表现出自己的优点，甚至没有某方面的优点时还要去伪装出有那种优点。但是一个自我实现者的恋爱表现正好相反，他能够消除对方眼中戴着滤镜的自己，告诉对方"我确实有一些缺点"。这些缺点虽然让对方一开始很难受，甚至会拒绝他，但是他仍然会不断地展现出真实的自我。这真的很难，但久而久之，它一定是有利的。因为一个人无法接受你的缺点，就无法享受你的优点。那些不停伪装的人，需要用一个谎言去弥补另外一个谎言，最终只会让自己陷入深深的无奈感中，到头来等伪装被撕下，便只能受到彻底的拒绝。这种伪装的需求并不是你真实的需求，也不会让你实现自我，只会让你变成一个自己都讨厌的人。一个连自己都讨厌的人，也注定不会得到别人的喜欢。

第四，要有勇气。这里的勇气并不是鲁莽地去做一些事情，而是要敢于和别人不一样。有一本书叫《被讨厌的勇气》，书里说，当你敢于做自己，敢于变得不一样的时候，你就具备了被讨厌的勇气。因为只要你表达出跟别人不一样的观点，你就一定会有敌人，就会被人讨厌，但请你坚持做自己，因为只有坚持自我，你才有机会成为一个真正独立且可以实现自我价值的人。这才是自我实现。

第五，要追求高峰体验。所谓高峰体验，就是在自我实现的那短暂时刻中所获得的情绪体验。你要发现自己不善于做什么，然后去规避它；发现自己的潜能是什么，擅长做什么，然后创造条件让自己拥有更多成功时刻的高峰体验。

马斯洛有一本书叫《人性能达到的境界》，这本书的核心理念就是高峰体验。马斯洛从自我实现者那里发现，他们常常能感受到一种特殊的经历，就是一种发自内心深处的满足，一种超然的情绪体验。就像他们站在高山的顶峰，经过一路的辛苦终于看到了成果，他们兴奋地大哭和大笑，继而觉得心胸从未这么豁达和宽广。这种感觉很难用语言来形容，但极其深刻。

马斯洛发现，很多成功人士身上都有这种高峰体验，他们说这种体验照亮了他们的一生。这些美妙感受有的来自大自然，有的来自艺术，有的来自商业上的成功。最直接的案例就是，一个女人在怀孕十个月生下孩子之后，第一眼看到孩子，那种深深的注视，以及内心涌现出的混合着满足、欣慰的快乐感受。人们在高峰体验中会丧失时空感，达到忘我的境界，比如一个艺术家在创作的时候、一个医生在做手术的时候、我在创作这本书的时候……

《圣经》里有一个人物是犹太先知，叫约拿。他一直渴望得到神的重用。有一天，神终于派给他一个光荣的任务，但此时他开始逃避这个任务，他一直东躲西藏，非常迟疑，不愿意接受任务。为什么呢？心理学中我们把它称为"约拿情节"，指的是刻意去躲开发挥自己最佳潜能的机会，害怕仔细设想自己有可能达到的最高可能性。这是人的一种非常矛盾的心理，就比如你明天要去见你的偶像，你甚至有机会跟他一起交谈，但是你害怕得睡不着觉，最后你决定不去了。人们总是带着软弱、敬畏和恐惧的心理，在这些伟大的时刻面前颤抖，害怕无法呈现出自己最完美的样子。这就是约拿情节。

为什么会这样？其实还是因为我们大多数人都不够坚强，不够自信，不敢承受太多。高峰体验实在是太令人震撼了，也太耗费人的精神了，因此处在这种极乐时刻的人往往会说我当时真的很幸福，但我有点承受不了。

令人发狂的幸福感不会长久，因为多巴胺如果分泌太多，也是一种伤害，当然我们大可不必有什么顾虑，人的一生是短暂的，我们总要努力变成更好的样子。你的一生需要有高峰体验的时刻，用尽努力去到达实现自我价值的瞬间，这种体验如此短暂、如此珍贵，却会让你用一生去回味。

你的人生中有过高峰体验吗？如果没有，你打算怎样实现自我价值获得高峰体验？

米尔格拉姆实验：
怎么去防范 PUA？

我刚进入影视行业的时候，认识了一个"老炮儿"。这个"老炮儿"谈所有的合作都喜欢在饭桌上，而且每次喝点酒就发脾气。他一发脾气，现场所有的制片人、导演、编剧都不敢说话了，只能听他说话。我跟他有业务往来，平时也见不上面，只能在饭局上见，这导致我很长一段时间去赴他的酒局之前，都倍感紧张。因为不想去，而且去了又轻易走不了，每次他必须自己喝开心了，讲高兴了，我们才能找机会离开。这也导致我在酒桌上，醉醺醺地签下了好几份"不平等合约"。

但后来，我跟这个"老炮儿"成了好朋友，他在我面前也没了所谓的威势。原因是有一次他让我对一件事情进行表态，我正在犹豫的时候，他对我破口大骂："犹豫什么，你就应该这么选！"

但我那天没有在他的威势下屈服，而是心里冒出了一股劲儿，我直接站起来就走了。不承想，从那以后我便不怕他了。而我之所以不怕他，也不只是因为这次"反抗"，还因为我又认识了一些其他在这个行业里有一定地位、能帮上忙的好朋友。于是，我便明白只要你的知识面和交际圈更广，你就能有更大的勇气来拒绝别人。

我也忽然明白，当你遇到一件事情，对方以权威感把你牢牢控制在手掌心时，你了解所有信息都只能通过他。这就像没有手机和互联网的年代，村里那些德高望重的老人，就会有一种让人信服的威严。但在互联网时代来临之后，每个人都有更多机会了解世界，对某些群体的盲目信任也降低了，我们有了更多自主选择的权利。

我总是觉得在这个时代里，每个人都有选择的机会，而当你面对一个看似无从选择的环境时，你的最后一项选择就是离开。永远不要让他人把你控制在他所创造的暴力情境中，这种暴力情境就是 PUA 的本质。

所谓 PUA，就是你感觉全世界只有他对你好，无论他怎么对你，你都觉得他是为了你好，让你感觉你不能没有他。

PUA 一定具备这几个特点：**第一，信息单一；第二，信息源单一；第三，潜移默化的强迫；第四，也是最重要的——权威感**。在对方的 PUA 之下，你会感觉你人生中所有被认可和将要被认可的东西都来自他，你感觉除了他之外，你别无选择。

20 世纪 60 年代，耶鲁大学一位叫斯坦利·米尔格拉姆的教授想探究一下人们对权威者指令的服从程度，测试一下他们会不会在权威的压迫下服从某些错误的指令，哪怕这些错误指令会对人造成伤害。

实验小组招募了一批志愿者，这些志愿者每个人将获得 4.5 美元的酬劳。他们来到耶鲁大学，被带进了学校的一间地下室内。实验人员告诉志愿者，这个实验是关于体罚对于学习效果的影响的，志愿者需要抽签决定扮演"老师"还是"学生"。但实际上每一个志愿者抽出来的都是"老师"，扮演"学生"的是一些雇来的演员。接下来，"老师"和"学生"会进入不同的房间，两个房间之间有一堵薄薄的墙。每个"老师"都会有一名实验人员跟随，就坐在"老师"后面。实验人员给了每个"老师"一个控制器，并且告诉"老师"控制器连接着"学生"房间的电击器，只要按一下控制器，隔壁的"学生"就会被电击，电压会从 45V 一直升到 450V。

然后实验小组给每个"老师"一张试卷，上面列出了一些搭配好的单词，"老师"会逐一朗读这些单词，给配对的"学生"听——请注意，"学生"是雇用的演员。在朗读完毕之后，

"老师"开始对"学生"进行测试，"学生"需要选择和每个单词配对的选项，如果答对了就通过，如果答错了，"老师"会按一下控制器的按钮，对"学生"实行电击惩罚。答错的次数越多，电击的电压也会越高。而大家应该都明白，450V 的电压是会电死人的。

但实际上，"学生"没有受到电击，但会根据电击的变化做出不同的反应，比如说出一般疼、很疼、极度疼之后甚至咒骂、尖叫等。当电压升到一定程度时，"学生"甚至会敲打墙壁，装成口吐白沫、晕过去的样子。当"学生"出现这种强烈反应的时候，"老师"——也就是志愿者——肯定会想要终止实验，但是接下来才是这场实验最重要的部分。实验人员会用四句话督促他们：第一，请继续；第二，这个实验是你必须继续的；第三，你的继续是必要的；第四，你没有选择，必须继续。如果经过四次督促之后，这个"老师"还是希望停止，那实验才会停止，否则实验会继续进行，直到"老师"把电压提升到最高电压。

结果是，40 位扮演"老师"的志愿者，有三分之二的人完成了全部测试的题目，并且都按下了代表最高电击强度的按钮。换句话说，我们每个人都有对权威的服从心理，哪怕这个权威者代表着恶。这个实验结果一经公布之后，很多人先是感到震惊，后来有人提出了质疑，比如：这些"老师"知道电击的后果吗？"老师"是否知道被电击的对象是一群孩子？或者很多人可能根本不知道电击到底意味着什么。

接下来，一些研究人员模仿了这个实验，也确保了志愿者在开始之前了解电击的后果，并让"老师"看到这个"学生"被戴上了电击片……结果，跟第一次实验结果类似，61%~67%，也就是将近三分之二的人选择了完成实验。在实验中，研究人员还设计了让"学生"明确说出一些台词的情景，比如"我有心脏病，我不能继续了"等。可是在实验人员的督促下，扮演老师的志愿者还是选择完成了实验。

这个实验得出了一个非常可怕的结论，就是人的内心深处有一种对权威的服从心理，这个权威可能是我们身边的人——父亲、母亲、丈夫、老板、领导……他们都可能成为"权威者"。

更可怕的是，人们对权威的服从高于自己的良知和伦理道德。我们每个人都在权力体系里扮演了一个角色，而大部分情况下，我们都不是体系中的权力方。我们要么是"老师"，要么是"学生"，但很难成为"实验人员"。很多时候，我们没有方向，我们只能服从。

但你有没有想过，真的只能服从吗？

人性中的很多恶都是来自盲目的服从，而真正聪明的人和愿意保留向善精神的人，都会有一个逻辑——叫"Think out of the box"——跳出盒子之外去思考。

我们刚才看到的电击实验就是那个盒子。虽然在盒子里有人一次又一次地用权威去命令你、打压你、PUA你，但你完全可以不玩这个游戏，你可以远离这个盒子。你还记得我说的那句话吗？当你看似无从选择的时候，至少你可以起身离开，即便你会为此失去些什么，就像那群志愿者可能会失去参与实验的4.5美元，可那又如何呢？起码你保留了自我和良知。只要你起身离开，你就可以脱离平庸之恶。

1933年，有一位著名作家从德国逃亡到美国，她叫汉娜·阿伦特，就是她创造了一个词，叫作"平庸之恶"，受到了人们的广泛谈论。

1961年，在纳粹军官艾希曼受审的时候，阿伦特提出了这个概念。所谓平庸之恶，就是极端之恶的反义词。什么叫极端之恶？纳粹对犹太人进行了残酷的种族灭绝，这就是一种极端之恶。

那什么叫平庸之恶？艾希曼是纳粹的一名高级军官，他负责实施屠杀犹太人的"终极解决方案"。是的，他只是实施，并没有参与决定。"二战"之后，艾希曼逃亡到了阿根廷，1960年被以色列的特工抓捕。1961年，他站在耶路撒冷的审判庭上说自己无罪。他说："我只是执行上级下达的任务，我为什么有罪？一个机器能有罪吗？一个螺丝钉能有罪吗？"

但阿伦特深思熟虑后说："不是，因为你放弃了思考，你丧失了思考能力而作恶，你这是一种没有残暴动机的残暴行为。更何况一个正常人怎么可以做到不思考呢？怎么可以没有自己的决断力呢？怎么可以别人说什么就是什么呢？更别说你还有判断的能力。所以，你有罪。"汉娜·阿伦特做此论断的关键点就在于四个字：独立判断。作为一个个体，你怎么能没有独立判断能力呢？

艾希曼说："我服从命令，服从法律，服从责任。在德意志第三帝国，元首的命令是当时法律的绝对核心，我需要服从他。我不仅是服从元首，而且是服从法律，还是服从法律背后的原则。这符合康德的哲学。这有什么罪呢？"

但是汉娜·阿伦特认为：20世纪的历史让我们看到，你虽然是按照规定办事，"依法作恶，依法杀人"。但不能杀人难道不是人和人之间最起码的契约精神吗？所以，作为人，你有罪，无论你怎么辩解。你的罪就是"平庸之恶"。

汉娜·阿伦特举了两个例子。第一个是一个叫安东·施密特的德国士兵，他虽然没有多大的权力，但是尽自己最大的可能帮助犹太人逃亡，甚至为他们提供了一些逃命的证件和交通工具。最后这个士兵被纳粹逮捕并枪毙了。有一部电影，拍出了跟这个德国士兵经历相似的故事，这部电影叫《辛德勒的名单》，还记得辛德勒在故事的最后所说的吗？他一直在说"one more, one more"——再救一个，再救一个。

另外一个案例，是一位叫卢卡斯的医生，他为了救助集中营里的囚犯，从党卫军的药房里偷拿药品，用自己的钱给囚犯买食物。战争结束之后，他也被送上了纳粹法庭。在艾希曼这样的人大言不惭地为自己辩护时，卢卡斯医生却认为自己在集中营里是有罪的。

像施密特、卢卡斯这样的人，始终秉持的理念是忠于自己，希望与自己相处，与自己交谈，独立思考，而不是听从权威的命令去作恶、去杀人。他们并不是为了服从纳粹之外的某个规定，而是无法接受作为杀人犯的自己。

之后，汉娜·阿伦特把自己的思考写成了一本书，叫《艾希曼在耶路撒冷》，并说明：艾希曼有罪。这本书对我来说是振聋发聩的，尤其是在最后，当法院判处"艾希曼有罪"的那一瞬间，我突然明白什么是"平庸之恶"。

我之所以跟大家做这些分享，是希望大家可以通过实验和故事明白一个道理：有时候我们在集权之下，没有办法做出自己的选择，因为违背权威的代价很可能是付出生命；就像在一段关系里，你也无法做出选择，是因为你害怕失去机会。但是你要永远记得，你是可以不玩这个"游戏"的，**你要明白，你依旧可以有自己的选择。要么直接离开，要么在不能离开的情况下做出反抗。**这样你才能真正做自己，才能发觉人性之善。

我想起电影《满江红》中的一个桥段，何立在审讯的时候，总会拿出一把匕首，上面有两颗玛瑙，一颗红的，一个蓝的。他让别人选择按着红玛瑙或者蓝玛瑙，然后将匕首插入对方身体。如果选对了，匕首会收回；如果选错了，匕首就会扎进对方的身体，取走他的性命。

还记得电影的最后吗？姚琴的选择是两个都按住——红、蓝玛瑙同时按下，才能锁住刀尖。

她选择的方式就是——**跳出了权威者定的规则。**就像是在说：我就是不被你左右，我要做一个独立的个体。

想一想，你有没有过服从权威或者反抗权威的经历？

15

电击狗实验：
别让自己习得性无助

现在的人们，好像很容易陷入习得性无助的状态，很多时候，面对大环境的压力，我们无法做出自己的决定。

这种习得性无助的状态在家庭和职场中很常见。这也是为什么现在年轻人患抑郁症的概率开始上升，就是因为他们多多少少地陷入了习得性无助的状态中。

1967年，著名心理学家马丁·塞利格曼发表了一篇关于习得性无助的实验论文，这篇实验论文在抑郁症患者的圈子里产生了很大的影响。

塞利格曼做了一个很残忍的实验，他的实验对象是狗。他把狗放在一个金属地板上，铃声只要响起，地板就会通上微弱的电流。一通电，狗就会感受到痛苦。一般情况下，狗遭受这样的电击后，会一路狂奔，直到跑到没有电流的安全地带。这是个简单的条件反射实验，就像别人拿针扎你，你的第一反应是躲，而不会停在原地被扎一样。但塞利格曼做了一件事——把狗给绑了起来，受到电击的时候，狗无法移动，只能默默地承受电击带来的痛苦。

一开始，这些狗会挣扎乱叫，一段时间之后它们就安静下来了——认命了。它们认为这种痛苦是自己无法改变的，所以只能承受。塞利格曼说，此时这些狗就陷入了一种无助的状态。而接下来才是实验的重点：他把套在这些狗身上的绳子拿开，把笼子上的锁打开，继续让它们接受电击。正常情况下，此时解开束缚的它们应该和正常的狗一样跳起来，跑到一个安全、没有电击的地方，因为不愿意疼痛是它们的本能，是刻在基因里的反应，可是它们大多数只是默默地待在地板上，无奈地感受着电流在身体里流动带来的痛苦。它们呜咽哀嚎，不敢动弹。有少数几只狗开始跑，但它们也只是跑几步就停了下来，然后又继续陷入了习得性无助的状态中。也就是说，它们竟然从之前的默默忍受中学习到了一个概念：反正做什么都没用，那干脆就什么也别做了。

那一刻，痛苦变成了一种稳定的记忆，而且它们记得的不仅是痛苦，还有一种我就算做什么也没法打败这种痛苦的无力感。

这个实验还在继续，实验者进一步在狗身边设置了电流开关，让它们学习去触碰开关来停止电流。结果发现，只要是养成习得性无助的狗，都很难学会关掉开关。因为它们已经不相信任何可以改变自己悲惨处境的可能。它们经历了一段时间的痛苦后本可以使痛苦得到停止，但是习得性无助把它放大成了一种持续的、永无止境的、无法摆脱的痛苦。

这像不像很多小时候被老师批评、被家长责骂过多后开始自暴自弃的学生？他们已经完全丢掉了相信未来和相信改变的能力和心智。

我想到了一本书，叫《乡下人的悲歌》，这是一本讲阶层跃迁的书，作者万斯在获得了阶层跃迁之后，经常回去和他的同学聊天，他在研究为什么他们不能走出来？朋友们也很坦白，说阶层跃迁哪有那么容易，也就你自己是个例外，你看还有别人做到了吗？阶层跃迁什么的对一般人来说都是妄想，我们肯定不行的。

你看，动物这样，人也一样。对于很多人来说，经受几次伤害之后，就养成了习得性无助心理。在习得性无助的时候，我们甚至还会说服自己：你看人生本来就很痛苦，既然我已无法改变，那就学会承受、学会习惯吧！

村上春树说过一句话叫"痛苦无法改变"，但紧接着还有一句"受苦却可以选择"。你可以选择不忍受痛苦，你可以反抗它，你也可以承受它、看轻它，这都是一种选择。

这句话所包含的哲理太深刻了，因为日本文化在"丧"过之后，村上春树还在坚定地说一个人学会做选择的重要性，这其实就是在打破习得性无助。

一个相信痛苦是无法避免的人和一个相信我还能做一点什么的人，他们对生命的体验和面对生命的状态是完全不一样的。一个相信我还能做一点什么的人，在某种程度上能够掌控自己的人生，他能够做一些事情，哪怕是一点点，去增加自己在痛苦里的忍受力。如果一个人对痛苦习惯了，哪怕你奋力地把他拉出来，他也觉得我还得回去，何必呢？

我们会发现，无论是什么人，都多多少少在一个"巨大的机器"之下陷入习得性无助。这"巨大的机器"可以是我们的公司、家庭。我们知道自己无法改变或者没有勇气去改变，即便发现这明明不是自己想要的生活，但还要说服自己：生活本就如此。我想这就是现在很多人抑郁的原因。很多时候我们并非没有选择的机会，而是没有选择的勇气。

所以，我们要学着去打破习得性无助的状态，这并不难。打破这种状态其实就是做好两件事：**第一，对自我的觉察，时刻感受一下自己的状态。第二，要在一些小小的行动里不断积累自我的效能感**。什么叫效能感？准确地说就是你感受到自己生命中一定有一些东西是可以被控制的，哪怕只有一点点。比如你坚持每天早起30分钟，比如你每天给自己制订3个非常简单的目标：今天跑100米、听10分钟的课、看1页书，就这样每天去完成一件力所能及的小事，让自己体会到对生活的掌控感。

我曾经去一个大厂做企业拜访，那个办公室里的空调温度调得非常低，我看到办公室里的小姑娘们全部都穿着大衣，裹得紧紧的。我问她们："你们不冷吗？"她们说："老板喜欢凉一点的工作环境。"我走上去就把空调给关了。老板进来之后看着我，我也看着他笑了，他说："能不能把空调打开呀，你们不热吗？"我回答："没事，不热。"好多小姑娘看着我，给我竖起了大拇指。那个时候我意识到这家公司的文化一定有强制性的一面，要不然习得性无助不会蔓延到每一个角落。

通过介绍以上的实验和事例，我想告诉你，无论面对什么，你总有选择。哪怕这个选择再小，你也可以先从这件可以选择的小事开始，去增强自己的掌控感。就像对待很多面临精神崩溃的抑郁症患者，心理医生的建议都是从小事开始，锻炼自己的掌控感。哪怕是小到做一顿自己想吃的饭，选一段自己喜欢的路慢慢地走过，或者看两页书，说一两次"不"……久而久之，你能掌控的范围就会越来越大，你关注的东西从你的关注圈慢慢进入影响圈。从你无法控制到你能控制，你的掌控范围越来越大，你的圈子越来越广，你越来越自信，自然就能从习得性无助的状态中走出来。

你在生活中有没有陷入过习得性无助的状态？你想要从哪个小的地方开始掌控和改变自己的生活呢？

第四章

利用好人性，实现爆发式认知成长

透视人性：
如何避免被洗脑？

什么是"洗脑"？相信你听过这个词。谈恋爱的时候我们会说"小心你男朋友给你洗脑"，工作的时候我们会说"小心老板给你洗脑"，面对对方对一个人的拼命维护，我们会说"你是不是被他洗脑了？"但你有没有认真地思考过"洗脑"这个词的含义呢？

我到了三十岁后，慢慢理解这个世界上有两种人：一种人遇到一个和自己观点不一样的人，第一反应是"你是不是在给我洗脑啊"；第二种人遇到不一样的观点时，他会先听完，然后进行思考，看看哪些观点有用，哪些观点没用，提取其中有用的观点，把它变成自己认知的一部分，丢掉对自己没用的观点，最后微微一笑。

所以菲茨杰拉德说："一个人同时保有两种矛盾的观念，还能正常行事，这是一等智慧的表现。"

　　看了那么多的实验，了解了那么多深刻的人性的底层逻辑，我相信你应该知道洗脑这件事是很容易的，我们的观点是如此不堪一击。我们每天都要接收大量的信息，我们的很多观点一天中甚至都要变好几次。所以，不要担心被洗脑，所谓被洗脑，就是你开始接受不一样的观点。你希望成为一个墨守成规的人吗？如果不想，那你需要接受不一样的观点，只不过接受的区别在于，你是完全放弃自己思考而迎合他人，还是成为一个兼容并蓄、胸怀万物的人。

　　所以，我们千万不要低估洗脑的力量，但也不要高估它，人这一生总免不了被洗脑，实际上我们时时刻刻都在被洗脑。如果接受不同的观点能让自己变得更好，你只需要多接受，然后去辨别就可以了。

　　那么，洗脑的方法有哪些呢？

　　第一，让他对你养成习惯。怎么样让一个人离不开你？最好的方式就是让他习惯你的存在，在某一个固定时间看到你，听到你的声音。长时间不停地出现、表现，让他熟悉你的身影和存在，这样你就能慢慢成为他最大的依靠。长此以往，只要你过一段时间突然消失，他就会发现生命里没有你不行。

　　再比如，你总是借钱给一个人，当他把手头上的钱花完了，你就借给他，让他养成大手大脚花钱的习惯。只要他养成了这个习惯，他就离不开你了。等有一天你突然不再借钱给他，他的生活就难以为继了。是的，这就是一些个人金融软件的底层逻辑，这些软件正在给你"洗脑"。就是这类软件，改变了很多年轻人的消费习惯，它们看起来像是保障，让年轻人勇敢消费，但是很多人却忘了，他们还的钱更多。这种负债已经让很多年轻人慢慢在一种被动和被迫下，失去了主动思考和想要做一些大事的能力。因为他们已经离不开这些软件了，一个每天早上起来都在想着我还欠了别人几千块钱的人，怎么做成大事？同时，想想看，有多少人正在用这种"习惯"的方法来一点一点给你洗脑呢？

第二，信息隔绝。 人的判断力和鉴别力来自对信息的提取。一个真正聪明的人永远不会把自己困在信息茧房里。但现在一些短视频软件却偏偏这样做，它把每个人都困在了自己的信息茧房里。当你为自己喜欢的短视频而停留时，大数据会捕捉到你的信息，并强化你的喜好，让你慢慢地只能刷到自己喜欢的东西。你以为了解到了越来越多的信息，但实际上你的信息面越来越窄。所以聪明的人永远不会把自己限制在信息茧房里，他会去接触大量的信息，各方面的，各种渠道的，在了解了不同的信息后再做决定。当你获取的样本信息足够多时，你会对这个世界有相对正确的判断。而与之相对的，信息隔绝就是一种很好的洗脑方式。比如，如果你在所处的领域中，认识了 100 名优秀人物，你就能知道其中某个人并不是多么突出，可如果你只认识一个优秀人物，你可能会把他视为标准，觉得他说的话都对。还比如，你在网络上看多了别人光鲜亮丽的生活，可能会觉得年入数十万、百万元是很正常的，而自己月入五千元、一万元太糟糕了；但当你认识 100 个月入五千元、一万元的人时，你就会觉得自己的情况是正常的，自己并不糟糕，你只是被网络上的信息给洗脑了，他们用单一重复的信息源一次又一次地告诉你人们都是年薪百万，而你落后了，这让你慢慢变得焦虑，失去了自己的判断。网络上的很多人都是在用这种方式推销自己的商品、课程等。

还有一种方式也会造成信息隔绝，就是当信息重复的次数足够多，或者当你频繁地接触到某一个小领域内的信息源时，也会给你造成一种信息隔绝。你看现在很多粉丝圈，当一个人置身其中时，无论产生多么过激的行为，他都会习以为常。比如给自己的偶像买 100 多张唱片，甚至为偶像买整箱整箱的牛奶，喝不了就倒进水沟里，只为给他刷票，这种常人看起来很过分的行为他们都视为正常。他们自夸为"圈地自萌"①，但实际就是为了隔绝外界的信息，让粉丝在小范围内一次又一

---

① 指在小圈子内自娱自乐，沉迷于自己的兴趣爱好。

次地接触相同的信息。这种行为造成的结果就是，他们只听自己偶像的话，谁说我的偶像不好，谁就是我的敌人。仔细想一想，传销组织不也是这样吗？他们把控着成员能获取的所有信息，不让成员用手机，慢慢地，成员的脑子里就只有组织内的信息，于是成功被洗脑了。

第三种洗脑方式叫捧杀。是的，夸奖也是一种洗脑方式。比如一个人总说我长得帅，无论我打扮成什么样子，他都说我好看。慢慢地，我一定会觉得自己是真的帅，哪怕我不洗头不打扮，也觉得自己很帅，当有人说我不帅时，我甚至会觉得他是在嫉妒我。

刘震云老师就是一个会捧人的高手，有一次他捧王朔。

他跟王朔说："王朔老师，您的小说天下第一。"

王朔说："别捧杀我，我知道你要干嘛。"

第二天吃饭，刘震云老师当着一群人的面继续说："我觉得您的小说绝对是卓越超群。"

王朔说："你到底想干吗？"继续不理他。

第三天，刘震云又当着一群人的面跟王朔说："王朔老师，我昨天晚上又看了您的小说，写得真的太好了。"

王朔忍不住了，说："还行吧。"

刘震云转头对马未都讲："你看，谁也禁不住连夸三天。"

　　捧杀这种方式很有意思，可以说是最简单、最高效的洗脑方式。一个人只要说出对我们有利的话，我们都会倾向于认为他说的是对的。这可以说是人性当中一个很大的缺陷。

　　有一次，我带一个女生去买衣服，她在试穿一件衣服的时候，那件衣服绷得紧紧的，几乎要裂开，但卖衣服的老板还是一边玩手机一边夸："这件衣服太突显你的身材了，你的气质真好，这件衣服显得你很年轻。"我在旁边都快笑出来了，可等我转头接了个电话回来，那个女生却已经把这件衣服买了下来。在男女相处上，现在网上就有这样偏激的论调，什么"女人是拿来宠的，不要和女人讲道理""你负责赚钱养家，我负责貌美如花"，这些话女孩子都爱听，但是长期这样下来，你会发现很多女孩子被迫陷入了追求"理想爱情"的尴尬境地。

　　捧杀真的很可怕，你再想想看，我们从小到大有多少老师对家长说过这样的话："这孩子特别聪明，就是不爱学。"很多家长听完这句话，就想："哎呀，太好了，我的孩子真聪明，只是现在还没有显现出来，不着急，有后劲。"我曾经看过一本书叫《终身成长》，书里讲千万不要夸孩子聪明，而要夸他努力，要不然容易让孩子形成"我很聪明，不需要努力"的思维模式。那些说"这孩子一看就聪明伶俐，百里挑一""男孩子就是聪明，都是后发制人"的话，往往是让一个孩子失败的开始，因为他会觉得我真聪明、真厉害，现在之所以学习成绩不好是因为我还没发力呢，等我开始发力一定秒杀全班同学。让一个孩子相信他是优秀的、努力的、有潜力的，他可能会朝着优秀的目标去努力；但只是让一个孩子相信他是聪明的，甚至不需要努力，那只能毁了他。

你看，想给一个人洗脑有时真的很容易，所以我们要学会应对，学会利用这背后的逻辑。那要怎样去做呢？

我的答案就是：千万不要只接收单一的信息，要了解不同的观点，看不同的书，见不一样的人。这是一个非常关键，可以让你学会利用人性获得快速成长的方法。因为人们太容易被洗脑了，往往在无声无息中就受到了影响，所以不要对洗脑太过恐惧，当我们知道了被洗脑的原因和原理，正确去应对就好了。

我们要听很多道理，才可能产生一两条自己认为对的道理。这一两条道理是你听过、了解无数观点之后才能形成的原创看法。就像我跟你说了这么多，也是我看了很多资料，读了很多书，以及有过很多惨痛的经历后，才能产生那么一两句能够帮助你的话。

具体要怎么做呢？我给自己的规定是：一周一定要见三到四个不一样的人，看两到三本书，并讲解一本书。原来我可能不愿意花费这些时间去接触这么多人，但是现在我会准备好咖啡和茶，甚至准备好酒，听他们聊聊天，听一下他们的想法，以免让自己被封闭在信息茧房里。

记得前段时间，有一个很普通的公司想和我签约，给我报的条件很低，要是以前我可能就生气了，直接不会再回复他的信息。但是现在我不再那样"冷处理"。对他们的见面邀请，我不仅人到了，还给他们一人带了一本我的书。在跟他们交流的过程中，我很少说话，大多数时候都是让他们讲，问他们如果帮我做个人IP，我应该做什么？他们能帮我做什么？虽然他们说的那些东西我都知道，但是我依旧微笑着去听，因为我知道，我不能只接收单一的信息。

当他们讲完之后，我非常确定他们可以做的所有的事都是我自己的公司现在正在做的，且做得比他们好，于是我站起来鞠躬说："我先撤了，感谢你们的分享。"刚走到门口，我就见到了他们公司的老板，他们老板冲着我一笑，我突然意识到我好像在什么地方见过他们老板。仔细一想，我们俩都笑了，原来我们俩早就认识。

我说："你们公司不是做艺人MCN^①吗？怎么开始做老师MCN了？"

---

① 一种与内容创作者合作或直接生产各种独特内容的实体或组织，旨在帮助内容创作者发展的组织机构。

他说："李老师，你一定要来我们公司参观一下。"

就这样，我陪他又聊到了吃晚饭的时间。吃完晚饭，他跟我说他有一部电视剧要开拍，能不能请我帮忙完善一下剧本。我说："好啊，荣幸至极。"

你看，我从一件"不新鲜"的事聊到了另外一件"不新鲜"的事，还接了一个不大不小的活儿。这一切都基于我的一个观念：**保持开放。**

我们需要保持开放，在了解不同的信息之后，提取自己想要的，摒弃自己不要的，这才是成才之道。

回顾一下上文的三种洗脑的方法，你有过这种被洗脑的经历吗？

17

鸟笼实验:
你所拥有的一切都在困住你

在这一节的内容中，我首先要跟你分享一个著名的实验，叫鸟笼实验。我曾经把它讲给无数想换专业、换学校、换工作的人听。相信你了解过这个实验之后，一定会受益匪浅。

鸟笼实验是著名心理学家威廉·詹姆斯所做的一个实验，他也是最早的实验心理学家之一。出生于 1842 年的他，做过很多人类无法想象的心理实验，其中最著名的一个就是鸟笼实验，他也由此提出了"鸟笼效应"这一著名的心理现象。

1907 年的一天，詹姆斯去他的好朋友卡尔森家做客。卡尔森是一名物理学家，他们聊到詹姆斯的研究成果，卡尔森有一些不屑，毕竟物理研究的是世界的本质，讲究公式定律，而心理学只研究人的心理，只会做一些简单的心理学实验。

詹姆斯说："那我跟你打个赌，如果我送你一个鸟笼，你把它挂在客厅中最显眼的地方，那么用不了多久，你将会买一只鸟放进去。"

卡尔森说："怎么可能？别胡扯了。第一，我从来不养小动物；第二，我就不信你的实验有这样的魔力。"

于是第二天，詹姆斯买来一个非常漂亮精致的鸟笼送给卡尔森，卡尔森也按照他们的约定把鸟笼挂在客厅里最显眼的地方。之后的一段时间，因为来卡尔森家做客的人络绎不绝，很多人看到这个鸟笼时都会问这样几个问题："你家的鸟是死掉了吗？怎么死的？""你家的鸟是飞走了吗？""有这么精致的鸟笼，你就没有考虑再养一只鸟吗？"卡尔森一开始还不停地解释，说他从来没有养过鸟，有人相信，有人不信，甚至还有很多人说"要不我送你一只鸟吧"；还有些人听他这么说后，赶紧去安慰他。后来，卡尔森开始不耐烦了，为了不再解释这些无聊的问题，他果然买了一只鸟放进去。这就是著名的鸟笼效应。

所谓鸟笼效应，就是假如一个人买了一个空鸟笼放在家里，过一段时间之后，他就会为了这个鸟笼再买一只鸟回来，哪怕他并不是很想养一只鸟，他也并不会把笼子丢掉，因为有了沉没成本。

不知道你明白了没有。其实，所谓鸟笼效应，**就是你总容易被自己拥有的东西困住，你容易成为你所拥有的东西的俘虏。**

思考一下：卡尔森最后为什么会妥协呢？

其实答案很简单，因为他受不了别人异样的眼光和不停的询问，虽然他也曾经解释，但很明显，买一只鸟比总解释要省事得多。心理学家还认为，就算你的空鸟笼没有人询问，你在面对它时也会产生心理压力，在这种压力下，你还是会主动购买与鸟笼相匹配的小鸟。

这个心理规律适用于各个领域。回顾一下你的过往经历，看一下你是不是也被这个心理规律裹挟了？比如你学的是机械工程专业，那么未来你是不是一定要成为一个工程人员？如果你学的是播音主持专业，那你是不是要努力成为一个主持人？否则，你是不是会觉得自己白学了？

我曾经听过一个笑话，一个年轻人在街上捡了一根葱，于是就开始思考，我该怎么用这根葱去做饭呢？做饭得有厨房，有厨房得有老婆，有老婆得有房。最后，他因为一根葱买了一套房。当然，这听起来只是个笑话，可在生活里有多少人都忍不住这样去想、这样去做呢。

一个人，总是手上有什么资源就去做什么事情，这是多数人的惯性思维，但真正聪明的人不是这么做的，他们是想做什么事就去寻找什么资源。 值得深思的是，现实中的很多孩子，尤其是家境富裕的孩子，都成了自己父母的牺牲品，因为他们的父母太强势，而他们从小就拥有自己都不知道该如何控制的权力、资源、金钱。所以父母对孩子的唯一要求不是让孩子做自己，不是让孩子去创新，而是让他们把他们拥有的这些东西用好。他们从来不会问自己的孩子：你想要什么？你的梦想是什么？你未来想做什么？只是不停地告诉孩子：我有什么，来吧，用我有的东西来获得你想要的东西，用好我给你的一切。

有一次，我送了一个朋友一个锅，这个锅是当时特别火的空气炸锅，售价将近 3000 元。因为她的梦想是成为贤妻良母，我说我没有办法帮你实现你的理想，但我可以送你一个锅。我送锅去她家的时候，她特别高兴，当场就把锅洗了，然后拿锅给我和几个朋友做了一桌大餐。我们几个好友都特别开心，放开吃喝了一顿，临走前还夸她厨艺真不错，让她"好好'背着那口锅'勇往直前"。结果没过多长时间，她又请我们去她家吃饭。这一去把我们吓坏了，因为她为了那个锅配了一个崭新的油烟机，还把厨房整个翻新了一遍，买了一张极其精致的桌子和一个漂亮的酒柜。我问她花了多少钱，她说花了快 10 万元。那天所有的朋友都在夸她厉害，说她一掷千金，只有我陷入了沉思。因为这一切都是从我送那个锅开始的，果然那个锅成了"背锅侠"。

这就是鸟笼效应的现代版——背锅效应（玩笑话），这样的窘境，我们很多人都陷入过。

还有一次，一个编剧朋友送了我一个反应速度、灵敏度都很好的键盘，他说："尚龙，你用这个键盘能写出全世界最美丽的文字。"我非常感动，拿着键盘在电脑旁边连来连去，比画了半天。然后，我觉得我的鼠标太差了，配不上这么好的键盘，于是我又买了一个更好的鼠标。后来我发现我的鼠标和键盘都太棒了，于是我重新换了一台电脑……到现在我都不知道我换这台电脑到底有什么用，但我就是换了。现在我正在用这台电脑打字，但一旁还放着之前那台完全没坏的电脑。我想，我也陷入了鸟笼效应。

其实很多时候，**你的鸟笼并不是别人给你挂起来的，而是你自己挂起来的。你把它挂在了你心里最亮的位置，你时刻看着这个鸟笼，被迷花了眼，丢了初心，你开始自寻烦恼。**你开始想，我都拥有这个了，我不得给它配另外一个东西吗？而很少有人意识到，除了给鸟笼配一只我们并不需要的鸟，我们还有其他的路可以走。最简单的，就是我们可以丢掉那个鸟笼，然后你就能看到更宽广的世界。但可惜，当你有了鸟笼后，你总觉得它就是你的全世界，你就应该为它去搭建一个跟鸟笼有关的世界，那一刻你成了鸟笼的奴隶。

鸟笼效应，也被称为空花瓶效应。为什么会有这种称呼呢？比如你送给女朋友一束花，为了这束美丽的鲜花，她特意买了一个花瓶，没过多久花谢了。于是为了不让花瓶空着，她会时常要求你给她买花，或者她自己养成了买花的习惯。你看，人性就是这么奇妙。

所以，我想让你警惕一个现象：**不要用自己拥有的东西来限制你的无限可能**。我之前上课时总讲一个例子：当你手上有一瓶水，你接下来需要干什么？很多人说喝了、倒了、浇花，还有人说洗个澡。此时你已经被你手上的东西给限制住了，但实际上你应该做的事情，跟这瓶水没有关系，你要去做自己想做的事情，等待你的是无尽的世界。但是，当你把注意力聚焦在这瓶水上的时候，这瓶水就变成了你思考的前提，就像是你所上的学校、你拥有的学历、你的家庭背景、你的社会阶层。"这瓶水"可以是有形的，也可以是无形的，它甚至可能是一段感情、一段经历、一段你无法忘怀的过去。但是你应该做的，也是你想做的事，跟"这瓶水"有什么关系呢？

无论如何，你都应该找一个安静的角落去思考一下自己人生的方向，去想想你到底想要什么，未来你想成为什么样的人。假设你已经到了六十岁，那时候的生活会是你想要的吗？你身边的人、你住的房子、你生活的环境、你正在做的事情，是你年轻时所期待的吗？如果不是，那问题出在哪儿呢？好，接下来你可以回到现在，可能你才二三十岁，你看，老天给了你一次"重来的机会"，你又回到了青春年少之时，此时你到底想要做什么？这时你可能就会发现，你拥有的东西根本不重要，你要做的就是放下水瓶，找到你所期待到达的未来。这时你会发现，原来我还可以这么活。

当你深刻地参透了鸟笼实验的本质，你的世界一定会越来越宽广，你的世界的形状也将会慢慢接近你内心深处想要的样子。

如果让我回到三十岁，我一定会告诉自己一句话：**请你一定要坚定地按照自己的想法去活。否则到了一定年纪，你会被迫按照自己的活法去想。**

记住，你可以成为任何你想成为的人，同时，只要你真心发愿，你的生活会慢慢靠近你的梦想。

你有没有遇到过鸟笼效应？如果有，把你的故事分享出来吧。

18

波波玩偶实验：
如何利用人性去和原生家庭和解？

在分享本节要讲的两个实验之前，先给你推荐一本我非常喜欢的书，叫《你当像鸟飞往你的山》。每一位想摆脱原生家庭所带来的影响的人都应该反复去读一下这本书。

我还记得我第一次读这本书的时候是在洛杉矶的机场，我看的是英文版，名字叫 *Educated*，直译过来是《被教育》。后来新经典出版公司在国内出版的时候，把书名翻译成了《你当像鸟飞往你的山》，是一种意译，取自《圣经》中的一句 "Flee as a bird to your mountain"，是一个十分有意境和韵味的名字。

有时候，**不幸的人终其一生都在做两件事：第一，摆脱原生家庭给自己塑造的价值观；第二，摆脱童年的阴影。**今天我要通过两个实验，告诉你童年对我们的伤害有多大，而我们终其一生要花多少精力才能摆脱它。

第一个实验是被很多人批评为违反人性的实验。有两个心理学家从一所医院里挑选了一个九个月大的婴儿艾伯特进行研究。在开始研究之前，小艾伯特接受了一系列基础情感测试，实验者让他首次短暂地接触了以下物品——小白鼠、兔子、狗、猴子，还有一些无头发的面具、柳絮、燃烧的报纸等。结果发现小艾伯特对这些东西都不会感到恐惧。九个月大时，他还没有形成对这些物品的意识和概念。

大约一个月之后，当小艾伯特超过十个月，两位心理学家正式开始实验。一开始，他们把艾伯特放在一个床垫上，把一只小白鼠放在艾伯特的身边，允许他玩它。这时，小艾伯特依旧没有对小白鼠感到恐惧。当小白鼠在他周围游走时，他甚至会用手触摸它。但是在后来的测试里，当艾伯特接触小白鼠时，两位心理学家就在艾伯特身后用铁锤敲击悬挂的铁棒，制造出可怕的声响。艾伯特听到巨大的声响后，大哭起来，并表现出恐惧的状态。

经过这样几次刺激之后，当小白鼠再次出现在艾伯特面前，艾伯特已经对小白鼠充满恐惧了，他哭着转过头试图离开。因为在艾伯特的心里，小白鼠已经和之前的巨响建立了联系，他由此对小白鼠产生了恐惧和哭泣的情绪反应。这像不像之前我们说到的塞利格曼的"电击狗"实验？所以说这个实验是违背学术道德的，后来据说小艾伯特因为这个实验，生活受到了影响，六岁时死于脑水肿。

当然，我想讲的是实验背后所反映出来的一个悲哀的事实：我们这一生有多少恐惧都来自童年的阴影，来自那一声声可怕的声响，但我们还以为是那只老鼠带来的恐惧。

我记得之前有一个学生找我聊天说："李老师，我现在根本不能听到一个人的声音。只要听到那个人的声音，无论她离我多远，我的汗毛都会直接竖起来，立刻发疯，甚至有想要自杀的冲动。"我说："谁有这么大魔力？"他说："我妈。"

我没有问为什么，但我知道有多少母亲在自己孩子的记忆里是发疯的、崩溃的、歇斯底里的。父母们说的一些话可能自己都已经忘了，但孩子仍旧记忆犹新。有多少童年时的恐惧，一直埋在我们的心里，很多时候一些看似普通的话语，却成了在我们脑海中炸开的一声声巨响。

我记得有一位作家写过一个故事，她说小时候班上有同学收集蚂蚱，有一次有一个男生把蚂蚱放到了她的抽屉里。她往抽屉里一看，就见一只面无表情的巨大绿色蚂蚱正对着她。她吓了一跳，一上午没敢说话。中午在食堂吃饭时，她看到自己的饭盒里有香菜，看着那绿色的形状不规则的香菜，那样子，那气味，让她瞬间就联想到了蚂蚱，这使她忍不住开始呕吐起来。从此她不能见到香菜，一见到香菜，她就会感到恐惧、害怕，甚至呕吐，这就是童年时的阴影，让她一直无法面对香菜。后来我问她是怎么解决的？她说有一天她决定面对这一切：她把自己不敢吃香菜的事情告诉了身边的所有人，然后她直面恐惧，为此还做了几次专业的心理咨询。

后来，她终于可以面对香菜了。我问她："你花了多长时间？"

她说："花了至少三年吧。"

这个故事给了我很大的启发，童年一瞬间产生的阴影，需要用整整三年去对抗，其间伴随着无数的痛苦，好在她最终克服了这个阴影。这也告诉我们，消除恐惧最好的方式就是直面造成恐惧的童年阴影，并且把它理性化。你的大脑中清楚了这一切产生的原因，正视这原因，你才能慢慢地从童年阴影中走出来。

我要跟你分享的第二个实验，叫波波玩偶实验。1961年，美国心理学家阿尔波特·班杜拉进行了一项有关孩子攻击性暴力行为的研究实验。班杜拉让斯坦福大学幼儿园里3~6岁的36个男孩子和36个女孩子参加实验。其中24名被安排在实验对照组，其他48名作为实验组，被平均分成了两组，让他们去观察成人的行为。其中一组观察的成人行为是攻击波波玩偶，我们把他们称为暴力组。另外一组观察到的则完全没有攻击行为，我们把这一组称为非暴力组。观察完成人行为之后，实验者让孩子们进入一个没有成人的房间，观察他们是否会模仿先前所看到的成人的行为。果然，先前看到暴力行为的儿童纷纷开始模仿那些成人的动作，开始攻击波波玩偶；而没有观看过暴力行为的儿童都只是随便摆弄玩具，完全忽视了波波玩偶。实验表明，儿童暴力行为的获得并不一定要以亲身得到奖励和惩罚为前提，他们完全可以通过观察他人的行为而瞬间学会。

这也告诉我们，榜样的作用是很大的。这也是为什么人们总说"言传不如身教"，在孩子成长的过程中，父母一定要学会规范自己的行为，给孩子做出好的榜样。

很多家长总喜欢问我一个问题，就是："我家孩子怎么不读书啊？"于是我就反问他一个问题："你读书吗？"他说："我最近读得少了。"我说："你看你自己回到家就躺着打游戏，或者看电视剧、刷视频，孩子可不得跟你学吗？"都说"虎父无犬子"，但你自己是"犬"，也是难以培养出"虎"的啊。因为你做的所有事情孩子都会模仿。

我在家中时，几乎不打游戏也不看电视，因为我想当我的孩子长大时，他看到自己的父亲总是看书，这样或许他也会情不自禁地捧起一本书，问我这书里说的是什么。我们多了一次沟通的机会，他也有机会去爱上书中的内容。

我们的很多恶习也是童年时不小心习得的，就像我下一节要跟你分享的很多底层的思维习惯，也是我们小时候不经意间学到的，连说脏话、口头禅、行为动作都是。比如从小我们的父母特别喜欢说一句"孩子，这东西我们买不起"，但是只有极少的父母会对自己的孩子说"孩子，这东西要怎么样我们才能买得起呢？"把这两种底层思维灌注在孩子的思想中，随着他们长大，他们会不会变得不一样呢？

我们说回到《你当像鸟飞往你的山》这本书，作者塔拉虽然考上了名校，成为了一名优秀的律师，甚至在实现阶层跃迁之后，她依旧摆脱不了原生家庭留下的阴影。在她写完这本书之后，她的父母亲甚至跟她断绝了来往，因为他们认为塔拉在书中丑化了他们。而她对自己的剖析和反思足够深刻，她不停地问自己："父母教给我们的东西总是对的吗？"当她慢慢明白答案是否定的，她开始疯狂接收不一样的信息，踏上寻找真理的道路。但实现这一切的前提是要跟过去的自己说再见。

过去的"自己"，包含了自己最亲的人，从小陪自己长大的人，自己的成长环境，还有自己的童年。去审视甚至否定这一切，是非常困难的。但有时你要明白，**要么让自己变得孤独，**

要么让自己身陷牢笼。

必须说明的是，人的本性是懒惰的——我们总是懒于改变，过去形成的价值观会一直充斥在我们的脑海里，影响着我们所有的行为。我们从原生家庭中学到的道理、曾经拥有的榜样、已经习惯的思维方式和生活方式，这些我们都特别希望不去改变——这是人性的弱点。因为不愿意去接受新的事物，不主动去改变，那么我们的人生只能重复过去的失败。只有当我们开始学习主动去改变时，我们的生命才有无限可能。虽然这个改变的过程可能很痛苦，甚至需要你击碎过去的自己，但如果不这样做，你可能就没有办法去重组一个更好的自己。

这让我想起了我自己的成长经历。我的父母离开稳定的工作岗位后一直告诉我改变的重要性。我的父亲从商销售保险，第一年就通过了保险经纪人资格考试。我的父亲一次次用他的行动告诉我，这个世界上没有难题，只要你还在不停地改变。只有不停地改变，你才能看到曙光，看到不一样的世界，才能够不断地往上攀爬，然后看到更辽阔的风景。于是我决定击碎我儿时习惯的舒适区，走向一些未知的可能。直到今天，我做的所有事情都是我的父母无法直接帮助我的，因为这并不是他们所熟知的领域。但正因为如此，我看到了父母及家族中其他人从来没有看到过的世界。迄今为止我都觉得这世界很精彩，因为我曾做了别人没有做过和不敢做的事。

这些年有一句特别流行的话，**"我们都在等父母的一个道歉，父母都在等我们的一句感谢"**，还有一句话说**"我们终其一生，都逃脱不了原生家庭的阴影"**，但我认为这两句话都错了，因为这两句话忽略了一个重要的概念，就是一个人可以改变自己的态度和决心。就像我的那位朋友一样，她面对童年时的阴影，选择主动去治愈它，最后花了三年的时间终于克服了自己的恐惧。当你主动面对恐惧时，你会发现它没有那么可怕；但当你选择逃避时，它却如影随形、时时压迫着你。我想这就是人性的奥秘：**不要害怕那些困难，主动迎接它，只有这样，困难才会越来越小，你才会越来越强。**

思考题

你在童年时有没有遇到过至今都萦绕在你生命中的噩梦？你是否曾经面对过它？你是怎么治愈它的？

立足生活：
用十条底层认知逻辑改变一生

为什么有的人能力强，有的人能力弱？其实除了家庭条件等外在因素的影响外，本质还是在于认知的差距。

在这一节中，我总结了十条这些年来使我受益匪浅的，关于人性的底层认知逻辑。我在写下这些内容时，可谓下笔流畅，因为这些认知逻辑已经贯串在我的生活中，变成了习惯。所以我希望你在看完这些内容后，也能将其运用到生活中，养成习惯。

第一条，请你一定要小心你的语言。口乃心之门，人在年幼时听到的关于钱、资源、阶层的话，都会刻在他的潜意识里，成为支配其行为的一种力量。语言的制约性非常强。你能想象一个被夸赞长大的孩子和一个被骂着长大的孩子自信水平的差距吗？有一个例子，有一个人，他的母亲从小就对他说："有钱人都很坏、很贪婪，他们是靠掠夺穷人的血汗钱才有了现在的身份地位。你千万不要成为这样贪婪的人，你以后挣的钱够用就好。"那么这个人从小在潜意识里就把钱跟贪婪画上了等号，他不想被母亲否定，所以每次赚了钱都花掉。有一次我跟他交流的时候，发现他一年可以赚很多钱，但是仍旧无房无车，因为他一有钱就必须花掉。我甚至见过他喝 10 万块钱一瓶的酒，把钱大手大脚地花在无用的地方，这完全是浪费，直到有一天他把这个故事讲给我听，我才知道是语言的力量，让他在潜意识中受到了制约。

那对这种情况你应该怎么做呢？其实很简单，只需以下四步。**第一步，察觉**。你要先写下你对这种情况所有的描述。**第二步，去理解它**。你需要想想看，这些东西是怎么影响你的生活的。**第三步，划清界限**。你要明白，这些坏的想法并不属于你。**第四步，强迫自己选择新的思考方式**。你要告诫自己，必须抛弃困扰你的旧的思考方式，选择新的、能帮你快速解决这些问题的思考方式。于是有一天，他带着自己的母亲在海南岛度过了一个非常愉快惬意的冬天。他母亲说自己从来没有在冬天看过花开，她为自己的儿子感到骄傲。很神奇的是，从那以后，我的这位朋友不再以有钱为耻，并开始学会存钱了。

第二条，请你去模仿你喜欢的人。我们最容易模仿的人是我们的父母，无论是好的一面，还是坏的一面。所以前面我跟大家说过，我们很多人终其一生都难以摆脱原生家庭给我们造成的影响，我们总是在不知不觉中活成了他们的样子。所以，我们需要停下来看看自己，看看此时的自己是不是理想中的自己，看看自己是不是学到了亲近之人不好的一面。如果是这样，我们就需要改变思路——喜欢谁就去模仿谁，这种思路才是对的。

第三条，强者相信自己能创造人生，而弱者相信人生无法改变。很多弱者的思考方式是"责备"。他们擅长责备别人，不仅责备别人，还责备社会，甚至责备自己。他们认为自己好可怜，落到了此种境地，无法改变，于是只能习得性无助。他们还给自己的窘迫、穷苦找借口，想尽办法证明自己经历的一切都是合理的。所以他们会给自己的糟糕境遇下一些结论，比如钱不重要。可是你思考一下，你会不会说父母不重要、伴侣不重要、朋友不重要？那你为什么说钱不重要呢？如果你认为一个东西不重要，那你就不会努力去得到它，它就会离你而去。所以任何一个说钱不重要的人都是在给自己没钱找借口，因为没有钱，所以只能自己安慰自己钱不重要。所以要怎么改变这种情况呢？那就是首先学会告诉自己，钱很重要，好的生活很重要，让自己变强很重要。

在生活中，你也一定不要总是靠近那些爱抱怨的人，因为如果你靠近了他，你的思考方式将会被他影响，甚至最后变成他。如果你非要跟他相处，那一定要确保隔三岔五地自省，告诉自己埋怨别人没有用，只有自己能改变一切。不要总是把自己的生活交给别人，然后去抱怨，要相信命运牢牢地掌握在自己的手中。

第四条，强者总是做点儿什么，而弱者总是在想着怎么做却从来不动手。这是人性的一个底层逻辑。王阳明曾经说过一个重要的理论，叫知行合一。就像你看了很多书，听了很多课，可就是什么也不做，还是只能维持现状，那你学的这些有什么意义呢？既然学了，你总得做点儿什么。不管做什么，都比你只是胡思乱想要有用得多。

第五条，勇敢的人做大事，而软弱的人只能做小事。大多数情况下，你的收入和市场认为你所产出的价值是成正比的。换句话说，你在给市场打工，而市场给你提供的收入就是你的价值。再换个说法，你服务了多少人，帮助了多少人，市场就会给你多少报酬。我举个简单例子，有些老师讲课就是给班上的几个人讲，所以他只服务了几个人。而我的课堂服务的是几千甚至几万人，我写的书有几十万、几百万人阅读。这个区别的本质是我在为更多人服务，我想做更大的事情。我在帮大家节约时间，提供一些思考的方向，转变一些思路，提供一些情绪价值，这些都是我生命的价值和意义。

　　每个人都有自己的价值，我想问你，你是愿意为多一些人解决问题，还是只想为少部分人解决问题呢？如果你的答案是为更多人服务，那么你就要有做大事的决心。这样伴随着你的付出，你在心理、精神、情感上也会更加富足。每个人活在世界上都有自己的使命，都要帮助别人。你想做的事情越大，你的生命就会更加有光彩，你才会产生真正的使命感，而金钱也会随之而来。

　　第六条，关注机会而不是障碍。世界上的人分成了两类，第一类人关注机会，第二类人关注障碍。强者关注的是一个人挣钱的潜力，而弱者关注的是赔钱的可能。有钱人专注的是获得报酬的概率多高，穷人专注的是赔钱的风险多高。

　　有一个思维训练方式，大家可以经常练习一下：当你拿到一个杯子时，倒一半水，你看到的是什么？有些人看到的是半满的水，有些人看到的则是半空的水。如果你永远不会正向思考，你的脑子里永远想的是"如果不成功该怎么办？""这样不行吧？万一搞砸了，我可完蛋了呀"这样的想法，那么这种恐惧会让你做不好任何决定。相反，你应该想，"我希望可以这样做，这样应该能成功""我如果搞砸了，还可以这样弥补""我一定可以成功的"。你盯着机会看，机会会越来越多，你所专注的东西会离你越来越近。而如果你把眼光交给了障碍，障碍也会越来越大。

所以，把焦点放在你所拥有的事物上，而不是你没有的事物上。列一个清单，可以尝试着去写下十件你拥有的东西，然后念出来，你会发现你拥有的东西绝对比你想象的要多。当你开始把注意力放在你所拥有的事物上面时，你就会感受到幸福，你就会变得更有底气，就会更加勇敢地去做你想做的事情。

第七条，和优秀的人交朋友。有一个很普遍也很悲哀的社会现象：穷人有时容易仇富。有时候，有些穷人会讨厌有钱人士和成功人士，好像只有这样，才能解释他们没钱是因为"讨厌有钱"。可实际上，这种讨厌只会让他们离"有钱"越来越远。

我特别喜欢一本书，叫《有钱人和你想的不一样》。书里有个故事，有一个主持人说一个女演员的片酬达到了 2000 万元，这本书的作者非常惊奇。他说："凭什么给她这么多钱呢？这样把那些伟大的科学家置于何地？她根本不配拿这么多钱。"他越想越生气，可是骂完之后就后悔了。为什么？因为不管女演员拿这么多片酬的原因是什么，都不是他能左右的，对这件事有意见并不会让他幸福多少，并不会让他多赚多少钱，反而会影响自己的心情。所以他改变了想法，说："她应该拿这些片酬，因为那是她应得的。"请注意，你永远没有办法从你讨厌的人身上学到什么，而你只会去向你喜欢的人学习。所以，你应该学着去欣赏那些优秀的人，认同他们，因为只有这样，你潜意识里才会觉得"我也会成为这样的人"。你也会相信，等自己变得这样优秀而富有的时候，也会有一群人这么欣赏你、认同你，甚至想成为你。所以，你要多去认识你所在领域中和所在领域之外的那些成功者，努力跟他们交朋友，这样你才能学会如何成为他们。

　　第八条，去输出。这个世界牢牢掌握在输出者的手中。不管你是否相信，所有的内向者都会遇到一个麻烦：我知道这么多东西，可我该怎么表达出来？而所有的外向者即便讲的东西是错误的，也会有人去听。在生活中，你往往会发现身边那些成功的人，十分愿意宣传自己的价值观。而穷困弱小的人，却把表达自己的想法当成一种很糟糕可怕的事情。我们大概从来没有见过一个商人是不爱表达的，没有一个成功者是不爱分享的。因为他只有不停地表达、持续地输出，才会有更多的人听到他的声音，他才有机会去施展自己的影响力，从而让更多的人注意到他。注意力流向的地方就是金钱流向的地方，所以我们要时刻保持输出。

　　第九条，想办法让你的能力大于你的问题。强者的能力永远大于他的问题，而弱者的能力永远小于他的问题。弱者会想办法避免麻烦，他们总在看到一个麻烦时掉头就走。讽刺的是，他们追求不要有任何问题的同时，却给自己制造了最大的问题，那就是贫穷。所以不要去逃避任何问题，也不要在问题面前退缩，尤其是在工作领域里。当你遇到一个麻烦的时候，最好的方式是直面它，因为当你直面它时，你才能看清它，才能想办法解决它，而不是把问题越拖越大。同时也别怕麻烦，因为强者永远在处理麻烦中变得更强大。

第十条，强者永远持续成长，而弱者认为自己知道了一切。这世界上有三个字特别可怕，叫"我知道"。这三个字太危险了！你判断自己是不是知道，其实只有一个标准，就是你并不是听说过，而是你在生活里体验过它。否则你就只是听说或者在嘴上谈论过，而并不知道它的真实样貌。就好像看完这本书，你感觉自己好像懂了很多，但其实你根本不知道，因为你还没有在生活中去实践它。作家吉米·罗恩曾经说过："如果你继续做你以前到现在一直在做的事情，你就会继续得到你一直以来所得到的东西。"所以，请你知行合一。

最后，请你在生活中践行这十条人性的底层认知逻辑。

你打算如何去践行这十条人性的底层认知逻辑呢？

20

自我突破：
养成二十个好习惯健康生活

　　人有悲欢离合，月有阴晴圆缺。什么都在变，你可以什么都不信，但一定要相信周期理论。什么叫周期理论？就是一个人在到了高峰的时候一定有机会落到低谷，一个人在身处低谷的时候也很有可能达到高峰，所以心态很重要，要像范仲淹所说的那样"不以物喜，不以己悲"。人在高峰时要保持低调，在低谷时要养成好习惯，静等迎接高峰。因此很多时候，命好不如习惯好。

　　人在低谷时总会遇到众叛亲离，也更能看到人性的糟糕和可怕，但只要你养成好习惯，就有站起来的勇气和底气。我曾经很长一段时间在低谷期，但好在我养成了一些良好的习惯，这些好习惯最终帮我走了出来。

　　下面，我就将这二十个好习惯分享给你，你只要保证自己能有五个好习惯就够了，因为好习惯是互相关联的，一个好习惯能带动其他好习惯。请记住，命好不如习惯好。如果你在低谷时看到太多人性的恶，那么这二十个习惯你一定要养成。

第一，坚持每天自学。如果你有一天的空闲时间，就去读一本书；如果你有一个月的空闲时间，就可以去考一个证书；如果你有一年比较空闲的时间，就可以去考研或者考 MBA。总之，学习永远不要停下，尤其是在低谷期，它是让你翻身的保障。

第二，每天坚持做 30 分钟的有氧运动。无论如何，每天都要坚持运动，你可以骑自行车、跑步、游泳，只需要 30 分钟就能帮助你以更好的状态开始新的一天。

第三，想办法找到具有成功思维的人，并和他们建立联系。人越是身在低谷，越容易把自己困在信息茧房里无法自拔。因为他觉得自己太糟糕、太自卑了，不禁怀疑自己还应该去社交吗？其实恰恰相反，人越是身在低谷时，越应该去接触优秀的人，不要害怕他们不愿意帮你，相反，他们不管是出于体现自己的影响力，还是扩充人脉，都是愿意伸出援手拉你一把的。你越是身处低谷，越应该积极与人交往，哪怕只是简单的生日问候，道声早安和晚安，也要想办法跟优秀的人保持联系。

第四，越是身在低谷，越要设定目标。每一年的年初都要给自己设定目标。你的生日、每个月的月初、每个星期一、结婚纪念日，甚至是孩子满月的时候，都是自己可以重新设定目标的时候。人如果没有目标，就像船没有航向，只会让生活越来越乱、越来越不好。

第五，每天睡够 7 个小时。这条对现在的很多年轻人来说很难，但是请千万记住，就算天塌下来，也要保证自己睡好。有一本书叫《斯坦福高效睡眠法》，书中提到：人类完整睡眠周期是 90 分钟，就算你要熬夜工作，睡不够 7 个小时，也建议你 11 点左右的时候，先睡上 90 分钟，然后再起来干活。我们说爱自己，说白了就是吃好、睡好。吃好就是让自己每天都吃到想吃的饭，睡好就是要保证自己每天有足够的睡眠时间。在这个世界上，你总会发现很多人比你强，你为此难过，甚至嫉妒，因为觉得凭借自己的能力，好像就是比不过他，但你至少能做到保持健康。

第六，提前起床。假如你现在每天工作的时间或者出门的时间是早上 7 点，我建议你 6 点就起床。因为你与其躺在床上，任凭闹钟一次又一次地叫你，最后着急忙慌地赶路，不如主动起来收拾，游刃有余地出发。因为大多数厉害的人，他们都有一个特点，就是主动。计划不如变化，很多时候会有突发的事情打断我们的安排，所以越早起床越好，越主动越好。这世界上大多数优秀的人即便在低谷期也能保持主动的习惯，这真的很重要。

第七，想办法发展多渠道收入。当你还没有找到理想工作的时候，可以尝试着去做一些能让自己活下来的事情，先度过生存期，再去谈梦想。别觉得做微商、销售等工作丢人，任何合规的工作都有价值，都能帮助别人。发展多渠道收入是未来维持稳定生活最重要的方式。大量研究发现"3"是一个很有意思的数字，当一个人具备 3 种或 3 种以上的收入来源时，这个人就会生活得很稳定，因为当意外来临，失去了一种收入来源时，他还有另外的收入来维持生活。

第八，永远不要拖延。拖延是贫穷的重要原因。成功有很多障碍，而最大的障碍就是拖延。造成拖延的原因很多，比如缺乏工作激情、对世界漠不关心等。而打败拖延最好的方式就是立刻去做。比如你决定去跑步，就马上去买一双跑鞋；你决定去读书，就马上去图书馆找到这本书。只要你迈出第一步，你就会发现事情简单了很多，而且你的心胸开阔了很多，心中充满了成就感。

第九，寻找成功导师。大多数优秀的人都有寻找成功导师的习惯，这位导师大概率不是你的父母，而是你生命中对你的成长发展和转变起到了重要引导作用的人。如果你今天在听我的课，看我的书，并受到启发从而开始改变，那我也可以成为你的导师。在互联网越来越发达的今天，原来你可能根本无法见到的人，现在有太多的机会接触到，只要你愿意付出时间、精力、金钱，积极寻求交往，他甚至可能成为你的朋友。

第十，永远保持乐观。所谓乐观，并不是遇到挫折不沮丧，而是沮丧完之后依旧能站起来，奔跑向前。我教你一个保持心态乐观的方法，就是经常问自己"如果……该怎么办"。比如："如果创业失败了怎么办？""如果被炒鱿鱼了怎么办？""如果演讲中忘词了怎么办？""如果婚姻不幸福，最后离婚了怎么办？"当你开始问自己这些问题时，你会发现你慢慢能想到很多应对的方法，哪怕之后真的遇到了这种情况，你也能尽快平复心情、积极应对。

第十一，描绘生活的蓝图。通俗一点来讲，就是要给自己"画大饼"。日常生活中，你不只要听领导给你"画大饼"，你也要给自己"画大饼"。我的一个学生，他的梦想是考上北京大学。他的父母问我："我家孩子怎么样才能考上北京大学啊？"我说："等暑假的时候，你们能不能带他去北京大学转一圈？"果然，他在参观了北京大学之后，开始想："如果有一天我能在这个校园里学习该多好啊！"回到家后他加倍努力地学习，最后如愿以偿地考上了北京大学。你想过什么样的生活，就尽可能把它描绘得细一点，在脑子里把图像给固化下来，预演未来。慢慢地，你会越来越接近自己的理想生活。

第十二，永远做自己想做的事，追求激情的所在。你永远不可能一直做自己不喜欢的事情，还能赚到钱。哪怕一时因此赚到了钱，也不可能持续赚到钱。它一定是无法持久的。很多时候，激情比教育和智慧还要重要，比运营资本还要重要。所以，你要思考一下自己到底想要什么。去做自己喜欢的事情，并做到足够厉害，让自己成为不可替代的人。做自己喜欢的事，才会事半功倍。

第十三，执着。事业成功的人几乎不可能没有遭遇过打击，但是他们很快就能收拾好残局继续尝试，这就是执着。所谓执着，就是你在一个地方跌倒过、失败过，甚至绝望过，但是你依旧能够重新站起来。大多数人之所以普通是因为失败了之后就放弃了，而真正能坚持的人，一定能创造新的辉煌。

第十四，不从众。如果你在追求成功的道路上，希望做出与众不同的事情，开拓新的道路，那么恭喜你，你开始慢慢具备了自我。但请注意，不从众，并不是不合群。你需要去寻找和你有共同目标，或者能对你有所帮助的人，打造自己的新群体，吸引别人的注意力，但一定不要乱合群以及合没有意义的群。

第十五，保持良好的礼仪。保持良好的礼仪其实特别简单，就像是在别人饥饿时递上一个馒头，困倦时递上一个枕头；在生日时为对方送上贺卡，在逢年过节时给对方发送祝福短信；和对方说话时看着他的眼睛，一起吃饭时不要吧唧嘴；与人会面时，做得体的自我介绍；当朋友、同事需要你的时候出现在他的身边……生活中做的一系列帮助他人、关心他人的小事，都是良好礼仪的体现。

第十六，提携和指导他人。当你到了一定的阶层，开始具有一定的影响力时，请一定要记住多提携晚辈、后辈。就像我在文学圈和出版圈深耕多年，虽然年纪不算大，但已经算是一个前辈了，所以我经常提携一些年轻的小伙伴，因为我觉得他们肯定有更好的故事呈现给读者。等他们慢慢有了资历，他们可能在各个领域中做得更好，之后说不定能反过来提携我。这就是一种正向循环。

第十七，寻找支持者，避开恶意评价。每个人都会遭遇恶评，且多数恶评都毫无价值，只是恶意的诋毁，所以千万不要陷入恶评带给自己的负面情绪中，否则你绝对走不远。我们要善于从褒奖中看到进步的机会，从恶评中看到急需解决的问题，这样才能不断进步。

第十八，相信自己。如何做到相信自己？比如给未来的自己写一封信，写一写你希望自己在离开这个世界的时候，别人能用什么样的话来评价你。再比如，列下你的梦想清单，看看接下来的五年中你最想实现的梦想是什么，然后应该怎么做。

第十九，将思考变成日常习惯。闲暇时就多琢磨一下，我的经济状况还好吗？我怎样才能赚更多的钱？我身边靠谱的朋友多吗？我陪家人的时间多吗？我要用什么样的方式改善我的业务关系？我最近的运动量足够吗？我做的事情让我感到快乐吗？为什么快乐？为什么不快乐？多花时间去思考一下这些最基础的问题。

第二十，寻求反馈。我们往往因为害怕批评而不去寻求别人的反馈，但实际上我们只有通过反馈，才能知道怎样做是对的，怎样做是错的。虽然说不要过于在意别人的评价，但有时需要你主动去询问别人，尤其是重要之人的评价，无论这些评价是正面的还是负面的，我们要做到有则改之，无则加勉，然后时常更新自己，做正向循环。

这些习惯如果你能坚持至少五个，那么你会发现，你的生活将发生很大的改变。

最后，希望你记住三句话：第一，无论是谁，除了你的父母，都无法接受你突然变得很优秀，这其中包括你最亲近的朋友。虽然这个认知很残酷，但大多数情况下现实就是如此。第二，当你的见识和见解超过大多数人的时候，如果你总是表现出某种优越感，那你一定会成为一个不受欢迎的人，所以有些时候要学会闭嘴。第三，低调和谦虚是必要的自我保护方式，高处不胜寒。即便你做得再好，也要学会把自己的工作说得差一点，避免招致嫉妒和诽谤。

　　你觉得以上这二十个习惯中，你急需做到的是哪五个，你认为它们会给你带来什么样的改变呢？

第五章

看透人性本质，过从容的生活

人性本色:
人为什么会自卑?

这些年我一直在研究当代年轻人的困扰,我发现其中困扰他们最多的一个问题是自卑。那么为什么每个年轻人都会陷入自卑的困扰中呢?以及,我为什么会说是每一个人呢?在我开讲之前,我先跟你分享关于三个孩子的故事。

有三个孩子被带到动物园里,他们面前站着一头狮子,第一个孩子躲在母亲身后,浑身发抖,说:"妈妈,我要回家。"第二个孩子站在原地,脸色苍白,用颤抖的声音说:"我一点儿也不怕。"第三个孩子目不转睛地盯着狮子问:"妈妈,我能不能朝它吐口水?"

请问这三个孩子哪个是自卑的?

看到这儿,你可以稍微停一下,思考一下这个问题。到底哪个孩子是自卑的呢?我来告诉你答案,那就是这三个孩子都是自卑的。没有想到吧,其实每个人都自卑。自卑是人性的底色，没有人是不自卑的。为什么呢？因为自卑是促使个体前进的动力。人有了自卑，才有了超越自我的可能。

你可能会想，那个想朝着狮子吐口水的孩子怎么也自卑呀？是的，他也自卑，只是他的自卑所呈现出的形式不一样。就像有的老板，天天 PUA 你，动不动就骂人，每天说话的声音比谁都大，好像看不起任何人，给人感觉非常自负，但有可能他才是那个最自卑的人。另外多说一句关于人性的秘密：人动不动发脾气，是无能之举。之所以老发脾气，是因为没有底气了，因为遇到了难以处理的事情，感受到了压力，这是能力不足的表现。接受不了就改变，改变不了就放手，这才是高情商人士的处世之道。

而人之所以会自卑，就是因为只有自卑，我们才有动力去超越过去的自己。换句话说，你只有知道自己不够好，才会寻求进步，完成迭代和更新。

我想你应该知道我要跟你说什么了：如果你感到自卑，没关系，因为每个人都是这样，你并不孤独，你只需要知道这是你人性底层的色彩。但你不能因此而选择躺平，你要想办法超越自卑，让自己变得更好，这样才能真正解决自己的自卑问题。

我有一个朋友，是一个女孩子，她是一个非常自卑的人。因为她的身材不够完美，她觉得自己一点也不好看，尤其是跟男朋友谈恋爱时更感到自卑。结果没想到男朋友鼓励她说："我喜欢你又不是因为你的身材，而是因为你知书达理。你很感性，愿意跟我分享你的进步经验，你也总是温和地听我诉说。更何况我觉得你的身材已经很好了。"她一听，发现自己还有这么多优点，一下子就树立了信心，超越了自卑。她是怎么超越自卑的呢？请注意，她并没有改变自己的身材，而是思想上做了转变：一方面把关注点集中到自己的优势上，一方面认可自己并不完美的身材。

你看，是她的认知改变了。她开始明白她不是靠好身材获得他人的喜欢，而是靠自己的性格和才华。于是，她开始写书，开始录课，她的课越讲越好，喜欢她的人也越来越多，接着她变得越来越自信。所以我想跟你说的是：你永远不要只盯着自己的弱点，而是要去磨炼自己的优势。再者说，就像我之前讲过的，垃圾是放错位置的宝物。缺点，换个角度来看也可能是优点。

这些年，我特别喜欢的一位心理学家就是阿德勒。阿德勒跟弗洛伊德最大的区别是，他不相信原生家庭可以对一个人造成致命的打击，他认为个体总有选择。他认为，不是每件事情都只能怪罪自己的原生家庭，也不是每件事情都要从童年去找原因，同时他认为自卑是成长的原动力，于是他写下了不朽的名篇《自卑与超越》。

阿德勒认为人战胜自卑的方式是补偿和超越，简单来说就是发展自己的优势，来弥补自己的劣势。人最忌讳的就是在自己不擅长的领域里深耕，不擅长的事情做久了，人就会变得不自信，自卑感就会如影随形。自卑原本不可怕，可怕的是如果你一直在那个自卑的环境里悲观性反刍，一遍一遍地说"我不行"，你就会变成习得性无助，自我否定，自然就无法完成超越了。

所谓超越，其实就是遇到更好的自己。自卑是一个人刻在基因里的天性。人类之所以会进步，就是当我们感到自卑的时候，能去战胜它、超越它。

很多看起来难以理解的行为其实都有另外的含义，比如孩子的叛逆行为，很多时候是在呼唤爱。当我们看到一个孩子做出一些让人无法理解的行为时，我们一定要先问自己几个问题：他这是在干什么？他这样做的目的是什么？他知道自己内心的真实需求吗？很多时候就是因为不知道自己内心的真实需求，人才会产生非常奇怪的反应。阿德勒讲过一个病人，这个病人有很严重的头痛病，每次遇到一点不顺心的事情就开始发作，而且非常疼。他去医院看过很多次，医生开了很多药，都没有用。后来阿德勒发现，他之所以会有这样的症状，是因为他自己选择了疼痛。他为什么会选择疼痛呢？因为他只要一遇到不想做的事情，就会说自己头疼。他把头疼当成一个逃避的借口，而且他自己也没有意识到他的头疼是自己选择的。

很神奇吧，人真的能选择让自己痛苦。有段时间我也有这种感觉，当我不想做什么事时，我就开始肚子疼，频繁上厕所，但去医院做检查后却没有发现任何问题。后来我才知道，这是一种非常典型的"不知道自己的目标"的状态。所以，你在做一件事情的时候，要弄明白做这件事的真实目标是什么。

比如我身为一个作家，2014 年出道，出道即巅峰，第一本书的销售量就将近 300 万册，说实话这是一个很不错的成绩。可是当时他们是怎么宣传我的呢？说我是"偶像作家"，把我跟很多"小鲜肉"放在一起。当时我很难过，因为我觉得自己长得并不好看，甚至每次照镜子时都会感到自卑，哪有长得这么普通的偶像作家呢？我可能确实读了点儿书，能写出点有用的东西，但真的没有太多长相上的优势。所以他们当时建议我少露面，多写作，拍一些帅气的照片，然后精修。就这样，我在创作的过程中，每天都感觉很痛苦，我不敢去见读者，甚至有一段时间想去整容。如果你是我的老读者，可能发现很长一段时间里我一会儿胖，一会儿瘦，因为我当时曾刻意去减肥。

其实，我所有的苦恼和这些行为，都是因为我选错了目标。因为选错了目标，所以我开始自卑，我没有花时间打磨我的作品，反而不停地进行身材管理，甚至想要整容……现在回想起来，那段时间，我是真的被错误的目标搞得过分自卑了，我的心理、习惯和生活态度都发生了变化。我把我的目标错定成了变好看，但这不是我发展的方向，也不是我擅长的领域，所以我才产生了巨大的自卑感。

后来我慢慢明白，我就是一个长得很一般的人。既然如此，我为什么不去打磨我的才华，写更多的书，写出更漂亮、更有深度的文字，创作出更能震撼人的作品呢？这才是我能超越的地方啊！那一刻，我树立了正确的目标，我开始好好读书、写作，随着我的作品越写越好，越来越多的人开始看我的书，慢慢地我就不再自卑了。现在，他们说我在录制短视频的时候有一种"迷之自信"。我也终于明白，一个人只有找到了适合自己的赛道，并且坚定前行，才能实现自我超越。人要经常思考自己的目标是不是正确、合适，因为你的目标往往就是导致你自卑和生活糟糕的本质原因。

这里有一个相关的故事。一个十六岁的女孩儿，被送到阿德勒那里进行心理治疗。她从小就有很多叛逆的行为。后来阿德勒在帮她寻找行为目标的时候，发现在她两岁时，她的父亲和母亲就离婚了，她被母亲带到外祖母家中抚养，外祖母很喜欢她。但是在她刚出生的时候，也是父母争吵最激烈的时候，因此她的母亲对她的降临并不期待，反而很痛恨。一个女孩子从小不被自己最为依赖的母亲喜欢，她的心态当然要发生变化。所以她潜意识里就给自己设定了一个目标，就是怎样让妈妈不高兴就怎样去做。她跟阿德勒沟通的时候坦言："很多事情我其实并不喜欢做，但是只要让妈妈感到不舒服，我就会很高兴。"

她这样做的目的是什么呢？就是要证明她比自己的母亲强，证明自己值得被爱，如果不能达到这个目的，那就狠狠地报复。她之所以有这个目的，是因为她一直觉得自己比母亲弱小，所以母亲不喜欢她。她饱受自卑的困扰，她认为自己只有让母亲生气，让她无可奈何，才能表现出自己的优越地位。但其实这个女孩行为的本质，是在呼唤母亲的爱。

你看，目标错了，人的行为就会产生偏差。实际上，很多人行为上的偏差，本质上都是在童年时定错了目标。人们的很多反常行为都跟父母有关。只有看清了这个问题，把它纠正，并找到新的正确的目标，人们的世界才能真正清晰起来。

前面我也说过，我一直不太同意原生家庭决定论这一观点。原生家庭的确给我们的生活造成了很大的影响，但请你一定要记住，它不是绝对的，也不是命中注定的，它是可以改变的。尤其当你开始主动接触一些心理疗愈的方法，主动接触心理学，主动了解人性，并开始了解自己的内心，开始对遗憾放手，并认真过自己的生活时，它改变的可能性就很大。那我们具体应该怎么做呢？

我们可以从三个维度改变我们的思维方式。**第一，找一份长久并持续产生回报的工作。第二，和优秀的人合作且相处。第三，有一段彼此滋养的良性关系。**下面听我一个个跟你说。

第一，为什么要找一份长久并持续产生回报的工作呢？这里有一个现实案例，我的一个朋友前段时间失恋了，她说自己之所以爱上那个人，是因为那个人比她优秀，而他最后把她甩了，这让她产生了严重的自卑感，她感觉自己太差了，所以才不被喜欢，才会被抛弃。但有意思的是，之后，当她开始全身心投入工作中，并取得了很好的业绩时，她发现那种自卑感没有了，她有了更强的自信感和掌控感。现在她天天和我们说赚钱的快乐。所以，当一个人有一份长久且持续产生回报的工作时，更容易走出自卑。

第二，为什么和优秀的人合作能够让人产生很强的自信心呢？因为没有谁可以凭借一己之力在地球上生活，如果不合作，人类是没法延续下去的，学会合作分工，才是人类幸福生活的保障。而和优秀的人合作，可以让我们看到更多进步的可能，帮我们找到前进的目标。让我们更容易取得成功，因此也就更容易获得自信。

同时，在分工合作中，我们也要善于看到别人的作用。我有时候会特别感慨阿德勒在 19 世纪 30 年代就能说出这样的话：母亲的工作被过分低估，母亲照顾孩子也是工作。所以不是父亲比母亲地位高，而是父母分工合作。一个家庭幸福与否，母亲的工作和父亲的工作是一样重要的。这是在 1932 年时，阿德勒写下的让人振聋发聩的文字。可看看我们身边，还有多少不平等的事情？除了男女性别的歧视，还有学历的歧视、地域的歧视等，很多时候，我们总是看重自己的条件而轻视别人的努力和付出，这何尝不是一种不够自信的表现呢？

第三，就是要有一段良性关系，这一点重点体现在良性爱情和婚姻上。好的爱情和婚姻都能滋养人，但这样的关系是可遇而不可求的。其实，无论是好的爱情，还是好的婚姻，都是一段好的合作，而这种合作本身，会让人遇见更好的自己，从而实现超越。这种合作的关键在于，对于情侣、夫妻来说，双方是平等的伙伴关系，如果一方优秀太多、太过强势，而另一方需要不停地追逐、迁就，那这段感情最后往往只能以悲剧收尾。所以，在感情合作的过程中，我们千万不要觉得自己是对方的附属，或者对方不如自己。好的情感关系会让我们超越自己，而坏的情感关系只会让我们更加自卑。所以，我们要看到彼此的优势，帮助彼此进步，这才是一段能滋养彼此的持久的良性情感关系。

你自卑过吗？你做过什么让自己完成自我超越的事情吗？

认知觉醒：
为什么别人不尊重你？

　　这篇文章很短，但是振聋发聩，它是来自人性底层的一个质问：为什么别人越来越不尊重你了？

　　我先从自己犯过的两个错开始讲起。我曾经在创业过程中犯过两个错误，第一个就是什么都和我的员工分享，第二个就是带着我的助理天天胡吃海喝。这两条都让我吃了亏。这样做的结果就是：我的员工跟我没大没小，我的助理开始得寸进尺。一开始我还觉得这说明我人品好，是一个平易近人的老板，一定会得到员工和助理的尊重。后来我发现结果恰恰相反，我的员工觉得我这个老板没什么了不起，也没有威严。我助理的行为则更加过分，他将我当成了一个跳板，并且在饭局上接触各位"大佬"之后，开始看不起我，反而觉得自己十分厉害。后来我的助理和那几位员工都离职了，我开始反思，这是我的问题吗？我对他们那么好，但为什么得到这样的结果呢？仔细想过之后，我发现这确实是我的问题，因为没有界限的情感是得不到别人的尊重的。

如果一个人在你面前想说什么、想做什么都没有界限和禁忌，那么他不会因此觉得你是一个好人，也不会觉得自己得到了自由，只会觉得原来我不尊重你也是可以的。

这是我吃了很多亏之后才理解的一个人性的真相。

当你对一个人太好，走得太近，什么都跟对方分享时，可能对方并不会觉得你学识渊博、经验老到，或者亲切热心，他只会觉得你没有界限、没有威严，自然也不会尊重你了。

还以我和我的助理的关系为例，我的助理在我出去应酬的时候基本只负责两件事情：在我请人吃饭时把菜备足，在我喝多时确保叫个车把我送回去。有一次我应酬到半夜，给助理发了一条信息："你帮我叫个外卖。"因为我和几个朋友只顾着喝酒没怎么吃饭，胃里火辣辣的很难受，而当时因为时间太晚，饭馆也不供应食物了。但我等了很久之后，只看到他回了我一条信息，说："大半夜吃什么外卖。"那一刻，我有点震惊于他对我态度的随意。还有一次，我带他去参加一个饭局，他竟然喝得比我还快，先喝多了，最后还是我给他叫了个车送他回去。

但我对他的温和和宽容，并没有让他觉得我是值得追随和尊重的，只让他觉得他自己十分重要、他本就值得这样被重视，可以说是我把他惯成了这样。我也因此慢慢明白了社会上的一个交友法则：关系越近，越容易让人觉得你没有威严、不被尊重；相反，距离产生神秘感，也产生尊重。

这并不单纯是针对上下级关系来说的，在很多关系中都是这样。当你谈恋爱的时候，你对对方无限好、无限地包容，无论对方对你做了什么，哪怕是背叛，你都可以原谅，都不忍心伤害、拒绝对方。这会让你得到对方的爱吗？不会，这只会让对方觉得你好欺负，从而得寸进尺，一点都不把你的感受当回事。

所以在这一节的内容中我想告诉你，**成人世界里的交友规则就是：待人别什么都往外掏，逢人说个三分话，保持点神秘感。这是成年人最后的体面。**就算是你的父母、你最好的朋友、你的伴侣，你也不要什么都讲。因为你讲得越多，把自己剖析得越彻底，别人越容易看透你、看轻你，而对你产生一种轻蔑感。就算是对待最亲的人，我们在分享时也要留个 20% ~30% 的余地，这是一种智慧。因为在人们的心里，天生对神秘的人有所期待和尊重。

总之，想要获得尊重，不是靠盛气凌人的指挥，更不是靠口无遮拦的表达。它需要真心，也需要尺度，希望我们都能获得他人的尊重，共勉。

你是否有过对别人讲得越多、自我剖析得越彻底，却越

不受对方尊重的经历？具体是怎样的？

23

思维突破:
怎么迅速与人搞好关系?

　　怎样和他人搞好关系呢? 我来跟你分享五个关于人际交往的心理学效应, 用好其中任何一个都能够提高你在人际交往中的一些基本能力。

　　第一个叫富兰克林效应, 它来自一个故事。 富兰克林在当上了州议员秘书之后, 想争取另一位国会议员的支持。但这个国会议员跟他的关系一直不好, 甚至还曾在背后说过他的坏话, 并且是一个出了名的铁石心肠的议员。富兰克林想: "我该怎样得到他的支持呢? "他并没有像普通人那样, 恭维议员或者给议员送礼物来讨好他。他另辟蹊径, 打听到议员家有一本珍藏的书, 于是写信找议员借阅这本书。没过几天, 书就被寄过来了。过了一段时间, 富兰克林又把书寄回, 并附上一张便笺, 郑重地表达了感谢。有趣的是, 从那之后, 这位议员和富兰克林的关系发生了很大的变化, 他开始对富兰克林表现出友善的态度，最后两人竟成了好朋友。很多人对此感到很诧异，而富兰克林说：这是必然的，因为相比起那些被你帮助过的人，那些曾经帮助过你的人，会愿意再帮你一次。

为什么呢？因为让别人喜欢你的最好方法并不是去帮助他们，而是反过来让他们帮助你。你思考一下，有多少人是因为帮助了你之后，才成为你的朋友的？又有多少人是在你借钱给他之后，他反而与你反目成仇？如果你想要跟一个人交朋友，就要让对方付出一点，哪怕只有一点，他也会体会到被需要的感觉，因而愿意成为你的朋友。每个人都有被需要的需求，所以如果你想要和一个人建立关系，你千万不要傻傻地只是默默为他付出，你要学会让他为你付出，这样他或许更觉得你懂他、重视他，你们的关系才能更加密切。这是一种反向获取人脉和关系的好方法。

第二个叫戈培尔效应。 在讲述这个心理学效应之前，我先来跟你分享一个我朋友的故事。我的朋友是一个销售人员，他有一个"特异功能"，就是能以很快的速度跟别人搞好关系，无论那个人是谁。我曾问过他这其中的秘诀是什么，他很真诚地跟我做了分享。他说有一次他跟一个老板交流，他先在这个老板的办公室门前来回走了三趟，而老板抬头看了他三眼。到第四趟时，他才提出了自己的诉求，老板也答应了他。为什么？

因为他在老板的办公室门前晃来晃去的时候，老板已经熟悉他了。我一开始没搞懂这其中的道理，后来明白了，这就是戈培尔效应在起作用。

戈培尔是纳粹党的党徒，也是"二战"时迫害犹太人的战犯。戈培尔有一句众所周知的名言：谎言重复一百遍就会变成真理。

这其实也是人际交往中的一个很重要的细节，就是当你不停地出现在别人面前时，别人会觉得"这个人我好像在哪儿见过"，以至于对你产生很强的熟悉感，认为"你是我的朋友"，于是会更容易同意你的请求。社交学里，有一个概念叫"出现"。什么叫出现呢？就是你时不时地在他的朋友圈里点赞或者评论，偶尔对他嘘寒问暖一下，节假日时对他进行一下问候，或者你两有什么共同的爱好，平时就一些相关活动或者话题进行一些讨论。这样的出现会让他感觉你与他之间的距离并不遥远，哪怕你们一年也见不上一次面，但等到见面时依旧感觉彼此很熟悉，可以自在地交谈，而且可能比一些更亲密的关系更让人感觉轻松自在。

这就是戈培尔效应，也叫熟悉效应。它告诉你，多刷存在感，对于社交来说，有时也是很重要的。

第三个是蔡格尼克记忆效应。什么是蔡格尼克记忆效应？

它是指一个人对于已经完成的事情会很快抛诸脑后，但对于未完成的事情则会一直放在心上。1927 年，德国心理学家蔡格尼克把 32 名被试者聚集在一起，让他们去做 22 种不同的任务，允许半数人完成全部任务，而另外半数人则被中途阻止，不让他们完成全部任务。做完实验之后，蔡格尼克让被试者回忆刚才他们做了什么。结果没有完成任务的人平均能回忆起 68%，而完成任务的人平均只能回忆起 43%。这就是蔡格尼克记忆效应。

这种心理效应在生活中处处都有体现，比如信写了一半，笔突然没水了，接下来你会痛不欲生地去找笔，因为不把它写完心里太难受了。再比如一本小说读了一半，哪怕明天早上有事，你可能也要熬夜把它读完。再或者看电视剧时，每一集的结尾都会吸引你迫切地想要看下去，你想知道剧情走向何处，主人公到底遭遇了什么。同理，在与他人交往的过程中，如果你想让别人更好地记住你，你就要给对方留下一个"钩子"，说一半话，引起对方的好奇心，让他更期待之后与你的聊天，以获得更多交流的机会。像我有次和朋友结束吃饭时跟他讲，我有一本书想要带给他，但我忘记了，下次一定带给他。还有一次，我跟朋友说有一件事儿想跟他说，但今天人太多，不方便讲，下次我单独请他吃饭，跟他分享这个故事。这样一来，我们下次的约见就很顺利。

第四个叫光环效应，也称晕轮效应。美国心理学家阿希做过一个实验，他给中学生被试者看过一张写有五种品质的表格，这五种品质是聪明、灵巧、勤奋、坚定、热情。阿希要求被试者想象一个具有这五种品质的人。中学生普遍把这个人想象成一个有理想的、友善的人。然后他把表格中的"热情"一词换成"冷酷、残忍"等消极的词，接着再要求被试者去想象，果然这次中学生们想象出来的都是一个坏人。这就是光环效应。

光环效应是指在人际交往中，我们常把对方所具有的某个特性，泛化到其他有关的一系列特性上，根据掌握的少量情况对一个人做出全面的评价。简单来说就是，如果你觉得一个人不错，那么你就容易赋予他其他好的品质，哪怕你从来没有见过这个人表现出这种品质。

这也是为什么说情人眼里出西施，因为你爱对方，所以你觉得对方做什么都是对的，觉得他就是最好的。你看到了他的一个优点，就觉得这个人十全十美了，就算他做错了什么事情，你都会觉得他天真可爱。

在人际交往中，我们往往会因为对方的某个优点而高估他，由不全面的信息而形成完整的印象。比如我们在买一本书时，有时会选择明星推荐的某一本书，一方面可能是源自爱屋及乌，另一方面可能觉得他们推荐的书肯定有很厉害的地方。但是，一个在表演上有天赋、有很高水平的人，并不一定是选书的专家，也并不一定读了很多书，可是你的潜意识会觉得他在这个领域中做得很好，那么在其他领域也有很大的发言权。这就是光环效应在发挥作用。所以，如果你想跟一个人成为好朋友，你一定要让他知道你的"光环"，让他看到你某一方面的闪光点，这样他会将你的光环辐射到你的其他方面，认为你是一个很优秀的人，从而愿意跟你交往。同理，当你看到某一个人在某方面很厉害时，这并不代表他在每个方面都很厉害。一个工作能力很强的人，并不一定在家庭生活中占有优势；一个社会地位很高的人，并不一定在感情生活中很顺利；一个赚了很多钱的人，并不一定在阅读方面有很大的成就；一个长得很漂亮的人，并不代表他在艺术方面有多高的水平……当你懂得了光环效应，就能避开认知中的一些误区。

最后一个叫首因效应，也被称为第一次见面效应。 人们对一个人的了解很大程度上依赖于对他的第一印象。第一印象好，继续交往的积极性就高，这也是英文中说的"first impression matters"。第一印象太重要了，比如，你在一个派对上看到一个气质非凡的男人，特别想认识一下对方，在和对方接触之后，你发现对方的言谈举止很有修养，那么在这之后每次看到这个人，哪怕他表现平平，你都会觉得他真的很棒。其实你不知道，这是你对他的第一印象影响了你后面的判断，这就是首因效应。

你第一次见到一个人时，就会产生一种先入为主的感觉，一个人给你的第一印象往往是鲜明的、热烈的、过目难忘的。所以，当你和对方进行第一次约会时，你最好好好打扮一下，拿出你最好的状态，因为第一印象非常重要。还有就是在饭局上，当有新人加入的时候，你需要稍微注意一下礼貌，不要把熟人之间的那种随意用到新人身上，否则可能让对方觉得你很粗鲁，这样你可能会失去一个认识新朋友的机会。

这五个常见的心理学效应，对于我们的人际交往有很大的启发。了解了这五个心理学效应，你是不是认识到你日常交往中有一些不当的举措了呢？是不是知道怎样更好地与人交往了呢？用好人性心理学，我们就能成为更优秀的自己。

你准备如何运用这五个心理学效应来改善你的人际关系呢？

24

吊桥实验：
TA 为什么会爱上你？

　　我曾在我的微信后台看到一个问题：学习心理学和研究人性，能够让对方爱上我吗？换句话说，当我在追求一个女生的时候，有什么理论能够帮助我吗？当然是有的。下面我就举一个简单例子：吊桥实验。

　　这是一个非常有名的实验。一个研究者找了一个漂亮的女孩子作为研究助手，让她到一些大学男生中做一项调查。调查非常简单，首先让男生完成一个简单的问卷调查，然后根据一张图片编一个故事。实验的特别之处在于，参加实验的大学生被分成了三组。第一组被安排在一个安静的公园内，第二组被安排在一座坚固的石桥上，而第三组最有意思，被安排在一座危险的吊桥上，并且吊桥会晃。这位漂亮的女孩子在对每一位大学生完成了简短的调查之后，都把自己的名字和电话号码告诉了他们，并说："如果你想跟我联系，可以打电话给我。"

这个实验关注的并不是大学生们会编出什么样有趣的故事，而是谁会在实验后给这个漂亮的女助手打电话。结果特别有趣，参加实验的大学生编的故事虽然千差万别，给女助手打电话的说辞也各不相同，但在危险的吊桥上参加实验的大学生给女助手打电话的次数最多。他们编的故事里，也大多都有爱情色彩。为什么？这就是我们要说的**吊桥效应**。

这些大学生都是普通的大学生，并不会一下子就喜欢上这个女助手，但是吊桥效应却在这个过程中起到了很大的作用。大学生提心吊胆地站在吊桥上，会不由自主地心跳加快，这个时候他看到自己身边漂亮的女助手，会误以为是对方让自己心跳加速。因为心跳加速、瞳孔放大，这些都是爱情到来的标志。于是吊桥上的大学生会更倾向于认为自己对女助手产生了好感，因此纷纷给她打去电话。我想你应该知道为什么男生喜欢带女朋友去看恐怖片了，这个过程中产生的吊桥效应确实会让女生产生更加喜欢对方的错觉。反之，男生也是一样的，他们也会把环境带来的心跳加速误认为是爱情。

所以这一节，我想通过人性跟你聊聊怎样去理解爱情。

很多人把爱情想得很玄乎，但其实爱情就是苯乙胺在起作用，这个我们在前面也提到过。是这种化学物质注入身体后的心跳加速、瞳孔放大，让你体会到了爱情的刺激，只可惜它来得快，去得也快。那么，该如何更好地让爱情保鲜呢？在谈恋爱的过程里，人性和心理因素就显得非常重要。下面，我来跟你分享几个有关的原理。

第一条，第一印象很重要。前面已经说过第一印象的重要性，在恋爱关系里，尤其是对于男生来说，因为女生基本都会打扮一下。这里我对男生的建议是，第一次约会时，出门前一定要打扮一下，因为女生看你的第一眼就知道你是不是一个邋遢的人。你不一定要化妆、喷香水，但你至少要洗个头，稍微整理出一个发型，然后搭配一身不要显得那么廉价的衣服。为什么要这样？因为从人性层面来看，一个女人看一个男人值不值得托付终身，很重要的一条就是看他的物质条件。如果她看到你的物质条件还不错，她的内心深处就会对你产生认同感。注意，女孩子恰恰相反，穿得简单大方一点就可以了。因为大多数男生不会太在意你涂了什么颜色的口红，背着什么牌子的包包。所以女生在打扮上不需要很用力。那么，你如何确定对方是否对你一见倾心呢？那就要注意对方的表情了，如果他忍不住放大瞳孔盯着你看，嘴角微微上扬，这说明他可能爱上你了。

第二条，一段恋爱关系的建立往往分为五步。第一步是彼此目光相交，瞳孔放大。第二步是交谈，你要主动去跟对方聊天，即便你们彼此并不认识，但在瞳孔放大的前提下，你们彼此之间哪怕只互相道了一声"你好"，都是关系进步的开始。第三步是面对面，当两个人聊到一起，聊得高兴的时候，开始面对面，说明关系又进了一步。第四步是轻微的身体接触。彼此在聊得很开心的时候，会随之产生一些微妙的肢体动作。这些动作很自然，不是故意为之，但能很好地增进彼此之间的亲近感。最后一步叫相似。当你发现你们好像有了一些相似的动作，甚至有了一样的口头禅，彼此好像同频共振了一样，此时此刻，你们已经擦出了爱情的火花。

那聊天的时候具体应该聊什么呢？这里我要教给你一个好方法，叫"我们"法。什么叫"我们"？熟悉的人之间才会称"我们"，陌生人之间只会称"我"和"你"。当"我"和"你"成了"我们"，当"你"成了我的"自己人"，你就会发现我们彼此之间像是打开了话匣子，有说不完的共同话题，从日常的衣食住行，到各类兴趣爱好，总能找到彼此合拍的地方，这样一来，就能很快地拉近彼此的关系了。

还有一招我觉得也特别管用，叫"分享一个秘密"。这个话术中，很能体现人性的微妙——"我跟你说个秘密，你可千万别跟别人说啊"，不要一上来就讲自己最重要的秘密，因为对方不一定能真的保守住你的秘密，就讲一些无关痛痒的小秘密，比如你不爱吃香菜、你昨晚做了一个很糟糕的梦。这种分享秘密的信任感会一下子拉近你和对方之间的距离。

我还有一招要分享给所有的女孩子，就是如果男生请你吃饭，应该吃什么呢？在男生看来，毫无疑问就是吃一些贵的、上档次的食物，觉得这样更能表现自己的经济实力，女孩子也希望能得到更好的招待。但女孩子不要这样做，你可以列一张清单，找一些好吃但不贵的小馆子推荐给男生。这个话术叫"我知道有一个不错的小馆子"。既让彼此吃到了好吃的食物，也不会让男生太心疼自己的钱包，并产生压力。

第三条，我们找伴侣会找什么样的人呢？ 很多人认为要找跟自己相似的，或者与自己互补的人。但其实并不是。大量的心理学研究表明，最适合的伴侣应该是相互之间有相似的个性、互补的需求。所谓相似的个性，就是性格是相近的，活泼的更适合活泼的，安静的更适合安静的。实际上，对一个人，尤其是陌生人是否有好感，完全由当事人能够感受到的相似性来决定，比如相似的语言。当他说"我怎样怎样"，你就别说"俺怎样怎样"，这就叫相似性。男性认为的相似性是，我们要不要一起做某件事，比如你要不要跟我一起看一场球赛？你要不要跟我一起做一顿饭？而女性认为的相似性是，你和我的价值观是不是一样，比如你是怎么看待爱情的？是怎么理解家庭的？看我们对爱情和家庭的理解是否一样。这里多说一句，男性谈起婚恋问题不会像女性那么自在，大多数男性一聊到婚恋问题就会感到非常害怕，尤其是优质的男性，遇到婚恋问题会不自然地回避。但女性不一样，女性聊婚姻跟爱情都很自然。

除了相似，就是互补。什么叫互补？用一句话来说就是：**你想要的一切我刚好都有**。在恋爱和婚姻中，有互补的需求是十分重要的，若不能满足自己的需求，那这段关系将毫无意义。对此我的建议是，不要在聊天一开始就提出你的诉求，等你们的感情再和睦一些、稳定一些，你再去提出你的诉求，这样对方会更容易理解你，也更容易认同你。

第四条，遵循等价原则。中国自古以来的婚姻都讲究门当户对，所谓门当户对，就是彼此的阶层是一致的，这保证彼此不管是在物质上还是精神上，都更有相似性，更有认同感。我认为这种原则是对的，但它更正确的表达方式应该是——精神上的门当户对。在一场恋爱中，两个人的品质越相当，越容易走入婚姻。门当户对并不是比谁家里更有钱，我们可以看到很多长得很好看的女孩子也嫁给了很有钱的人，即便她的家庭状况一般，这是因为在等价原则中，美貌、才华也算一类。美貌也是一种资本，美貌和金钱可以说是一种互补的需求。谈恋爱，有点像谈生意，但是我们不能直接把生意和爱情画等号，因为它流通的"商品"中不仅仅只有钱。

对于恋爱来说，以下六个维度非常重要。第一个维度是相貌；第二个维度是物质和财产；第三个维度是地位和名望；第四个维度是知识和学问；第五个维度是社交风度和性格；第六个维度是人品。在一段恋爱关系中，双方这六个维度综合起来一定要达到平衡，尤其是最后一个维度——人品。如果不平衡，关系就会出问题。一旦关系中产生了拥有优势的一方，那么这一方就会隐约感觉到自己可以定夺一切事物。

这里多说一句，在恋爱中，相貌重不重要？当然重要。但男孩子与女孩子对于相貌的看法有所不同。女孩子喜欢的是干净清爽的男生、成熟稳重的男士，有着良好的礼仪、清爽的打扮。但男生不一样，一万个男生对于女性的相貌会有一万个评判标准。每个人都觉得自己的伴侣是最漂亮的，大家没有统一的标准。所以女孩子要多读书，因为当一个女生书读得多了，哪怕她并不算传统意义上的美女，但她拥有了后天形成的气质，而这种后天形成的气质是另一种美丽。对于男生也是如此，女生眼中干净的男生的形成，也是靠知识洗去粗俗后的结果。

第五条，你必须熟悉双方之间沟通的语言。比如，女性应该去了解男性比较喜欢的话题，比如国家大事、大型玩具、体育等。而男性也一定要熟悉女孩子喜欢的东西，比如星座、穿搭、旅行、美食等，要更多地去谈一些生活感受，这比你去聊一些宏观的、具体的东西要重要得多。关于情感，我一直想推荐一本书，建议大家反复阅读，叫《如何让你爱的人爱上你》。我很喜欢这本书背后隐藏的心理学逻辑。

思考题

你觉得谈恋爱时"套路"和真诚哪个更重要？是先使用"套路"还是先表达真诚呢？

25

口红效应：
人性和消费主义

　　这一节，我想跟你分享一个很有意思的心理学效应，也是经济学效应——口红效应。口红效应是指因经济萧条而导致口红热卖的一种经济现象，也叫低价产品偏爱趋势。

　　在美国有一个神奇的现象：每当经济不景气的时候，口红的销量会直线上升。因为在美国，人们认为口红是一种很廉价的奢侈品，所以在经济不景气的时候，也就是在老百姓口袋里没钱但依旧有强烈的消费欲望的状态下，人们就会去购买口红这种廉价的奢侈品。这其实是对消费者的心理安慰。

　　如果你洞悉人性，你就会发现商业经常在玩弄人性，让你口袋里的钱一点一点地变少。其实商业的发展就是来自人的欲望。商品交换的产生就是基于人们对现状的不满和对生活品质的更高要求，而商人就是利用你的这种欲望来掏空你的钱袋。比如买口红，其实一支就够用很久了，但是广告宣传说不够，你需要更多颜色的口红来装点你的生活，给自己新鲜感。你的生活是不是需要一些仪式感呢？当然需要，于是你买了整个色系的口红。再比如，你明明知道钻石不过是一颗石头，那你为什么一定要拥有这样一颗石头呢？因为它现在代表着爱情，你需要用它来证明自己拥有爱。可钻石为什么就代表爱情了呢？这来自广告商的宣传。就像近些年来很火的"双十一"和"6·18"，在这期间，人们疯狂地比价、购买商品，有些确实是生活必需品，但又有多少是冲动消费呢？就因为感觉价格便宜了，人们就开始疯狂消费。你看，人性的弱点就这样在商业中被充分利用了。那具体是哪些弱点容易被利用呢？就是以下这几点：

第一，欲望。你可能根本不需要一样东西，但是你被制造了一种需求，就像口红和钻石，它们不是生活必需品，但它们是能让你感觉生活更美好的东西，所以它们也变成了"必需品"。同时低价策略也利用了人性的贪婪欲望，大肆购买减价商品的我们，看似"捡了便宜"，实则"损失惨重"。

第二，社交压力和认同。你的朋友买了一个昂贵的包包，于是你也一定要购买同款甚至更昂贵的包包，否则你会感觉融入不了她们了。当你的同学买了最新款的手机，于是你也想尽一切办法去买，因为你觉得你跟他是一类人，怎么能不用一样的东西呢？如果不用不就是低人一等吗？这些虽然都是很没有必要的行为，但确实是一种真实的社会现状。

第三，及时满足感。某个茶饮品牌出了最新款，你要想尽一切办法，就算排几个小时的长队也要喝到第一口，来体验某种新鲜感。还有现在流行的宣传语"秋天的第一杯奶茶"，这些都是利用了"及时满足感"而进行的商业宣传。

第四，虚荣。很多女生就算没有钱，每个月省吃俭用，也要买名牌衣服和包包，很多男生没有什么家底和资产，也要买名牌手表，开豪华汽车，就是出于虚荣心。

第五，冲动。每个人都会冲动，当你听到"3，2，1，上链接"时，当你听到"仅此一回，今年最低价"时，当你听到"买一赠十，一次性带走十一件套"时，可能本来并不怎么需要这个商品的你，也毫不犹豫地下单。

第六，群体效应。当你看到了"热卖中"，看到了"已有1000人下单"，可能你会想已经有这么多人购买，说明那件商品值得购买，那我也得加入进去，于是你就下单了。

商人是怎样让你进入他的陷阱的呢？我来跟你分享几个案例。

第一，消费主义陷阱。我曾经在一个广告牌上看到一句广告"爱她，就带她去太古里"，我当时还没有感受到它背后的逻辑。直到有一天，陈丹青在一个视频里点醒了我，他说这背后的消费主义太可怕了，那穷苦的孩子该怎么办呢？这些孩子就不爱自己的伴侣吗？没办法带伴侣去太古里就不配说爱吗？消费主义在吞噬着一切。你想想看，真的每一样东西你都要花钱买吗？这世界上很多美好的东西都是免费的，空气、大海、蓝天，甚至最好的亲情、爱情和友情，这些都是免费的。但在消费主义盛行的今天，我们发现好像什么都得花钱买，不买就不能幸福。而买跟幸福直接挂钩背后的逻辑是，每一个人都必须赚很多钱，然后买很多东西，才能证明自己幸福。可真的是这样吗？

第二，技术陷阱。技术发展的确给我们带来了很多便利，但是我们发现商业正在利用我们对新技术的热情推出各种产品，这些产品看似方便了我们的生活，帮我们省了力气和时间，但是我们真的需要吗？我曾经脑子一热，买了一支翻译笔，花了三千多块钱，就是为了去日本旅行的时候能方便一些，有了它我就不用学日语了。但等我真的到了日本之后，我才发现这个笔太不好用了，并不是这个翻译笔有故障，而是我发现我基本上不用说日语，说几句英语，也能买到自己想买的东西，吃上自己想吃的饭，甚至打上车去想去的目的地。最有意思的是，在日本实际上有好多中国居民、游客，他们会热心帮助你，根本不要一分钱。但是我之前就是在不了解实际情况的时候脑子一热，买了这样一个产品。我认为它是有用的高科技产品，可没想到我还是变成了"韭菜"。大数据总能抓住你的心理弱点，且能实时捕捉你的需求，及时为你送上你"需要"的产品。但可能你买了之后才发现它们根本没有用武之地，于是追悔莫及。我买过很多很奇怪的高科技产品，直到今天，我都为此感到深深的后悔。

第三，再不买就来不及了。我们一定看到过很多营销话术，什么限时折扣、今天跳楼价、套餐销售、买一赠一。这些听起来十分具有诱惑性的话语，就是为了勾起你的购买欲望，让你觉得如果今天不买就来不及了。很多人甚至觉得自己在"薅商家的羊毛"，但是你别忘了，只有买亏的，没有卖亏的。很多东西并不是你本来就想买的，只是你觉得这次不买下次就没有这么优惠了，好像不买就亏了一样，于是你想抓住机会好好地宰商家一笔。当然，这些确实都是商家的圈套。我记得当年大学校门口有一家店不停地喊着"老板跑路了，今天跳楼价"，而这样的吆喝，一喊就喊了三年。

第四，虚假需求。《华尔街之狼》里有一个片段，男主考验自己的手下，让他们把一支笔卖给他。这群手下中有人说这支笔很好，有人说这支笔很便宜；只有一个人说请你帮我签个名，他说我没有笔，于是那人说那我把这支笔卖给你。很多时候，我们的需求并不存在，而是被商家制造的需求影响了。如果你在网上搜一搜"你所买过最没用的东西是什么"。你再看看下面的评论，会发现很多人都有这样的经历：他们在买之前也不知道这东西这么没用。这样的案例有很多，本质都是在利用人性赚你的钱。

所以我们应该怎么应对呢？

在此，我想跟你分享四个特别重要，可以控制人性，并且规避商业陷阱的方法。

第一，提高自我意识。你要了解自己真实的需求和真实的价值观。你要不停地问自己一个问题：我到底是个什么样的人？只有弄清了这个问题的答案，你才能不盲目跟风，才能坚守个人的原则，买自己需要的东西。

第二，理性思考。面对商业策略和广告诱惑，你要保持理性思考。你要不停地思考一个问题：我买这个东西是因为受我的情绪影响，还是我真的需要它呢？

第三，识别信息。你要知道一些商家惯用的套路和成交的方式，这样你就可以判断你买的这个东西到底是划算还是不划算。

第四，要做好财务管理。千万不要借钱去花，赚多少钱就花多少钱。不要去借未来的钱，不要去透支未来的消费，花钱的额度要让自己感到舒服，没有压力。还要存一小部分钱来对抗未来的风险。

总之，不要做商业世界的朋友，要做自己的朋友，做自己需求的朋友。

思考题

你有冲动消费的时候吗？事后感觉后悔吗？现在你打算如何应对你的这种冲动？

第六章

顺着人性成事，逆着人性成长

钢琴楼梯实验：
为什么你的学习效率低？

当了这么多年老师，我深知一件事情：学习这件事是反人性的。所有跟成长有关的事情，从某种意义上来说，都反人性，就像减肥、锻炼。因为它一开始很痛苦，看到成效的周期也很长，所以很容易放弃。学习最痛苦的地方就在于此，你今天背了单词，明天做了真题，但后天看不到成果，可能需要半年或者一年才有检验它的机会，这是一场长时间的作战，需要智慧和勇气。当然，如果你学习起来非常痛苦，效率又低，还没有成效，这大概率说明你没有找对学习方法，你对人性也还不够理解。因为你不知道如何利用人性提高自己的学习效率，让自己成为学习高手。

打游戏为什么有意思？是因为你按一个键，主人公就会做一个动作，你打对方一下，对方就会掉一滴血，这样的及时反馈太让人开心了。但学习并没有这样的及时反馈，而人性的本质是需要及时反馈的。这就是人性，你做每一件事都应该获得及时的反馈，这样人性才会得到满足，如果没有，你要么容易放弃，要么就要想其他办法。所以如果你是一个会利用人性的高手，你应该明白制造及时反馈才能让你持续学习下去。

那怎样在自己的学习里增加这种及时反馈呢？

我先来为你分享一个人性实验，叫**钢琴楼梯实验**。跟学习一样，人们也不愿意运动，因为运动跟学习一样都需要延迟满足。所以如果你有机会去火车站看一看，你会发现无论是拿大包还是拿小包，甚至是不拿包的人，都不愿意走楼梯，大家都愿意乘电动扶梯，有时候电动扶梯那里的队排得很长，而楼梯那里却一个人都没有。同样的，在工作和生活中，大多数人也都是更愿意乘坐电梯，没人愿意爬楼梯。虽然大家明明知道爬楼梯对身体有好处，但就是没有人愿意这样去做，因为锻炼是反人性的。

那怎么样才能让人乐于爬楼梯呢？大众汽车在瑞典斯德哥尔摩的地铁站楼梯上打造了一个非常有意思的台阶——把台阶按照钢琴的设计，将每一节台阶都用油漆刷成了黑白两色，像钢琴的黑白键一样，行人踩上去时还会响起钢琴的琴声。

奇迹出现了，第一天就有 66% 的人选择了走楼梯，乘坐电梯的人减少了很多。这个实验后来在中国也进行了尝试。

2011 年，南京地铁二号线的台阶也被刷成了钢琴的颜色。2018 年，西安地铁三号线大雁塔站东西两侧的楼梯也做了同样的设计。有意思的是，就是这样一个变化，让越来越多的人开始走楼梯而放弃乘坐电动扶梯。这是为什么呢？是他们的人性改变了吗？不是，是因为添加及时反馈的娱乐元素可以激发人们改变自身的行为，让他们在运动中找到乐趣。所以，他们做出了更健康的选择。

我想你应该知道为什么你或者你的孩子学习效率很低、不愿意锻炼，甚至不愿成长了。就是因为当人在做某件非常艰苦，又得不到美好和快乐的反馈的事情时，他是没有动力去坚持这样一个痛苦过程的。

可是，如果你像上面的实验一样，把你的学习或者运动场地布置成钢琴的样子，你会不会突然间爱上学习和锻炼呢？当然，我们没有进行大规模装修的能力，但至少可以在完成一个阶段性的目标后，**给自己设置一些及时反馈。**

分享一个最简单的反馈方式，就是把你学到的东西讲出来或者用起来。我在学英语的时候总是感觉非常枯燥，我会怎么做呢？我会找一个空房间，在里面把我刚学到的英文大声地讲出来，或者想尽一切办法找一个美国人或英国人，拉着他讲一遍我今天学习到的英文。当我开始使用它的时候，这个东西就慢慢地变成我的了。这是我给自己制造的反馈，这种学习方式也叫费曼学习法。如果你不想把学到的东西讲出来，或者没人听你讲，你可以把它写下来，这也是一个特别好的反馈方式。

所以为什么你的学习效率低？你学 10 个小时还不如别人学 1 个小时呢？就是因为别人在偷偷使用这个顺应人性的学习方式。他每学习一个知识点，或者看了几页书，就会对着墙或者对着别人把学到的知识讲出来。你不要小看讲出来这个行为，一旦把知识讲出来，你的大脑就会明白，这知识已经变成我自己的了，这就相当于我得到了及时反馈。再比如，你今天完成了学习任务，可以奖励自己去看一集自己喜欢的电视剧，玩一局自己喜欢玩的游戏，或者吃一顿自己想吃的大餐。这样的及时反馈能够让你产生坚持学习的动力。

同理，锻炼也是一样。我会要求自己每天跑 5 千米。跑的时候的确非常痛苦，但是跑完后我会打开运动软件完成一个记录。每次记录我会发现，今天我又离自己的总目标近了一些，这样我的及时反馈就有了。再比如，我经常会约一些我的读者朋友和同事去公园里跑步，每次跑不动了的时候，你看看我，我看看你，我们就知道彼此都没有办法停下来。因为别人的目光也是给自己的及时反馈。我不想在别人失望的眼光中结束，所以我必须跑完。

你看，当你意识到可以给自己找到及时反馈时，你就能在学习和锻炼中找到坚持的动力和乐趣。很多人认为学习是痛苦的，只能咬牙坚持，其实并不是。如果一个人找不到学习中的乐趣，是注定不可能学好的。这就好比你如果讨厌打篮球，那你怎么可能打好篮球呢？你讨厌音乐，怎么可能演奏出动人的乐曲呢？那些善于学习的人一定是在学习中找到了成就感，找到了学习的乐趣，才有了巨大的学习成就。学习注定是痛苦的，但是你要想办法找到其中的乐趣，并且学会主动去设计这种乐趣。

聪明的学生在学习一门学科之前，会先去培养对于这门学科的兴趣，再开始猛攻。比如在学英语的时候，我特别建议同学们先去看几部美剧，先培养对英语的兴趣，看看外国人是怎么生活、怎么思考的。假如你对他们的生活产生了兴趣，假如你想和他们交朋友，你不得学两句口语吗？如此一来你就有了学习的目标，而不是一上来就去做枯燥的题目，那样你是无法从中找到学习的乐趣的。就算你只是做枯燥的题目，也应该做一段时间后把学到的知识讲出来，或者奖励自己去做一下自己想做的事情，让自己开心起来。总之，千万别把自己放到枯燥和乏味的学习中，这样只会让你厌烦学习，无法学好。

假设你正在做一件非常枯燥，但是又能让你成长的事情，你有什么办法让自己拥有一些及时反馈？

27

棉花糖实验：
决定你成就的是天性还是环境？

　　我今天从一个实验开始讲起，一边讲，一边把这个实验背后的逻辑分享给你。这个实验叫作**棉花糖实验**，也叫**延迟满足实验**，我相信很多人都听说过。

　　棉花糖实验是斯坦福大学的一个心理学家提出来的。他招募了几百名四岁的小孩子，让他们待在一个房间里。房间中放着一张桌子，孩子们就围在这个桌子周围，面前各有一块棉花糖。研究人员告诉孩子们，自己要离开 15 分钟，等自己回来的时候，那些没有吃掉棉花糖的孩子可以多获得一块棉花糖，但如果你把这块棉花糖吃掉了，那么就不能获得另一块了。在实验人员再三确认孩子们知道这个实验的规则之后，他们就离开了，留在孩子面前的除了棉花糖，还有一台隐藏的摄像机。有的孩子忍住了，有些孩子没忍住。有些孩子大快朵颐，有些孩子痛不欲生地忍耐着，他们忍耐的时间也长短不一。有意思的是，十几年之后，当这群孩子上了高中，实验人员回访了当初参与实验的家庭，得出了一个结论：那些擅长等待，愿意延迟满足的孩子，如今各方面都表现得更为优秀。而不擅长等待的孩子，成绩和行为表现都比较差。最后心理学家得出了一个结论：能够延迟满足的孩子能获得更好的未来。孩子的自控力和延迟满足有关，越能坚持延迟满足的孩子，其自控力就越好，同时未来也更容易成功。

但是，一个孩子的未来真的只和能否坚持延迟满足有关吗？

如果你深入去看，就会发现延迟满足虽然反人性，但它背后需要的条件其实很多。因为对于孩子来说，并不是他天生的习惯让他可以或者无法做到延迟满足，而他所在的环境，包括他的家庭资源、所受的学校教育等，都和他能否做到延迟满足息息相关。

纽约大学和加州大学的研究者再次找来了 900 名研究对象，这一次他们把研究对象的家庭收入、父母的学历、文化背景等都记录了下来，然后重复了棉花糖实验。这次实验的结果，让他们得出这样的结论：孩子延迟满足的能力很大程度上和家庭条件相关。换句话说，延迟满足的能力并不是他们的基因和主观意识决定的，他们之所以可以"反人性"，是因为家庭条件所带给他们的自控力，这样的自控力才是影响他们未来表现的原因。在实验中，研究者们发现，家庭条件相对好的孩子，他们经常可以看到、吃到棉花糖，所以他们更能延迟满足。因为他们觉得吃不吃一块棉花糖并不重要，你不让我吃我就不吃，糖对他们的诱惑力并不大，他们反而想看看自己控制住之后会是什么结果。但对于经济条件较为窘迫的家庭中的孩子来说，棉花糖并不常见。当一块难得的、好吃的棉花糖摆在自己面前时，他们觉得最好的选择就是"今朝有酒今朝醉"，先把糖吃到嘴里才是最实惠的，而他们的这种想法符合人性的底层逻辑。

这个补充实验给了我很多启发：**原来一个人必须先要物质丰富，才能做到意志坚定。**我们不能总是怪孩子的意志不够坚定，我们更应该去分析他的家庭条件、环境资源给他带来的认知水平。在棉花糖实验中，那个坚持最久的女孩儿叫苏珊，后来有人跟访了她的家庭。她后来的成就很高，是一家互联网公司的 CEO，甚至有人把她称为"谷歌之母"。她极其有耐心，逻辑能力很强，仔细了解她的家庭背景后我们发现：她的母亲是硅谷的一位中学老师，还独创了一套教育方法；她的父亲也是中产以上阶层的人；他们还有两个女儿，一个在大学任职教授，另外一个也是某公司的 CEO。换句话说，在首次棉花糖实验中，我们过分强调了意志，而忽略了家庭条件。

其实这也是人性的底层逻辑，人在饥饿的时候会接受不爱吃的食物，人在寂寞的时候也可能会接受不爱的人，这就是为

什么人们说"饥不择食，慌不择路"。所以，千万别把自己和孩子逼迫到资源稀缺的状态，这样你或者你的孩子就会拿起那块棉花糖，因为这是人性，而不是人品。

我之所以详细地和你分享这个棉花糖实验，并不是想要告诉你延迟满足不重要，而是想要告诉你延迟满足是怎么来的——除了意志力，还有环境的影响。

但假设你并不是生活在一个富裕的家庭中，那么你应该怎么做呢？我的建议是，请你一定要相信延迟满足的重要性。虽然你身边可能没有哪个人通过延迟满足创造了一些伟大的成就，但是延迟满足在你坚持做一件事情的过程中是真正有用的。比如你太想吃甜食了，可你愿意忍住不吃，那么之后你就会发现你的皮肤越来越好，你的身材也越来越好。再比如你每天早上去晨跑，虽然过程很痛苦，但是坚持了一个月之后，你也会发现自己的身体状况有了很好的转变。这些都是延迟满足带来的结果，你的持续付出，终将在一段时间之后，给你带来令人惊喜的回报。

延迟满足的逻辑是看向远方，而不是只盯着现在。如果一个人只看着现在，他必然短视，也不能成就一番伟业，因此请你一定要相信未来的力量。

对此，我也整理了以下几条思考：

　　第一，你可以想想看，你现在正在做的这件事情在未来是升值还是贬值的，是滋养你还是消耗你的？假设到了五年、十年之后，你现在做的事情是会给你加分还是减分？很多职业，像教授、医生、老师、作家，随着经验的不断积累，在未来是会"升值"的。也有一些是消耗你的职业，比如某些需要每天"996"的工作。为别人打工，现在可能拿到比较高的工资，可是身体真的能扛得住吗？所以我们也要为未来做打算。

　　第二，延迟满足的前提是这个孩子曾被充分满足过。我第一次跟家人去迪拜旅行的时候，我根本就没有拍照，他们问我为什么不留下纪念？我说我肯定还要来第二次。因为那时我已经有了足够的经济实力和时间，如果我想去一个地方，想什么时候去就能够什么时候去，我并不觉得这样的旅行有多稀奇。就像那个棉花糖实验，如果我上午刚吃过一块棉花糖，那么面对桌子上的那块棉花糖时，我肯定能在 15 分钟之内不吃它，因为我知道如果我不吃就还能有第二块。但如果我从来没有吃过棉花糖，我就必须把那块棉花糖一口吃掉，因为我哪知道以后还能不能吃到呢？所以一个人之所以能够抵抗住诱惑，并不一定是他天生意志力有多强，而是他拥有过这种诱惑，已经无法被诱惑到。

　　这让我想起一位作家所说的一句话："你只有见到过地狱

才能摆脱地狱，拥有过诱惑才能抵制诱惑。"这才是人性的底层逻辑。

回到家庭教育问题上。在你的孩子两岁之前，请你一定尽量满足他的需求。因为那时他们的需求都是实时的，饿了就需要食物，困了就需要立刻睡觉，害怕了就需要大人拥抱自己。当他们的这些实时的需要被充分满足后，他们才能建立起满满的安全感和对大人、对外部环境、对世界的信任感。一个两岁的孩子对世界是充满怀疑、没有安全感的，他想牢牢抓住一切，因为他不确定下一刻这个东西是不是还属于他。所以当你让这个孩子去参与棉花糖实验，他大概率是无法坚持到最后的。除非你给了他足够的安全感，让他知道他想要的一切还会有机会得到，这样他才有可能坚持下来。

第三，要让自己和别人明白，等待是有意义的。很多人不愿意等待，是因为他们觉得等待没有意义。很多人不愿意学习，是因为他们觉得学习没有意义。很多人不愿意读书，是因为他们身边没有一个人通过读书完成了阶层的跃迁。如果一个孩子能为了写作业而不去看电视，这并不是因为他不知道电视有多好看，而是因为他知道学习更重要，他知道自己未来只有学习好，别人才会对他刮目相看，他知道这么做是有价值的。

我见过一个真实的案例，有一个男孩，他的父亲对他承诺，只要这次考试他能考进全班前十名，他的父亲就带他出去玩。后来他考进了班级前十名，但父亲因为工作忙没有兑现对他的承诺。在男孩的心中延迟满足被解读成没有意义，后来他再也没有好好学习过。我为那个孩子感到心疼，也为这个家长感到遗憾，因为他忘了让一个孩子保持对延迟满足的信任感是多么重要。所以，千万不要辜负一个孩子对你的信任。

当一个孩子开始慢慢理解延迟满足的意义时，他可能就不再需要别人给他提供一些奖励了。随着年龄的增长，他会慢慢明白望着远方才能走得更远，他会逐渐明白自己的生活要自己做主，现在所做的一切都是为了有一个更好的未来。

所以，我们始终要明白，**顺着人性可以成事儿，但逆着人性才可以成长。**

思考题

你有没有遇到延迟满足也无法解决的问题呢？

28

人种歧视实验:
怎么让孩子变成好学生?

我不知道你有没有过这样的经历,因为一位老师对你的特殊关照,你开始爱上他教授的那门学科。这个经历我有。

我小时候特别讨厌语文和英语,很难想象,我现在竟然是靠语文和英语活着。我之所以喜欢上了英语,源于我在初三时遇到的一位英语老师,她上课时很喜欢点我回答问题,还总是对我说:"你的发音还不错,要继续练习。"之后我就喜欢上了英语。

同样的,在我初二那一年,我的数学考试得了全校第一名。当时我还参加了一个叫"希望杯"的数学比赛,尽管那个比赛很难,但我还是拿了第一名,原因也很简单,因为我的数学老师鼓励我去参加。就这样,我不仅参加了,还通过努力拿到了第一名。后来我发现好多人都是因为某一位老师而爱上了一门学科,当然也会有人因为一位老师而痛恨一门学科。这是为什么？是因为当老师用看待好学生的眼光来看你时，你会自然而然地希望自己成为一个好学生；而当老师觉得你是一个差生时，你也会潜移默化地被他影响，觉得自己天生学不好这门课。

这种现象其实也是受到了人性的影响。

当你被人用信任与期待的眼光看待时，你就不容易堕落，因为自尊，所以你会希望自己对得起这个眼神和这份看重。但当所有人都谩骂你、唾弃你，你自然容易自暴自弃，因为你觉得无论怎样做都不可能得到大家的认可，于是容易产生"那我干脆什么都不做好了"的想法。曾经有个家长问过我一个问题："孩子在学习方面真是一塌糊涂，我到底要怎样做才能让孩子的学习成绩好起来呢？"我的答案只有一句话："把他当作好学生去看、去培养，不要打击他，而是去表扬他，他会慢慢让自己配得上这份表扬。"

还是跟你分享两个关于人性的实验：

第一个实验是一位叫艾略特的老师在美国艾奥瓦州组织的一群三年级学生所做的实验。这个实验非常残酷，以至于我在看完之后感到有些毛骨悚然。这个老师问一群三年级的学生，让他们说一下自己对黑人的看法。因为在此之前，马丁·路德刚刚遭到暗杀。

在一个几乎都是白人的小镇上，艾略特为了让孩子们了解歧视是多么可怕，他把班上的同学分成两派，蓝色眼睛的和褐色眼睛的，并且让蓝色眼睛的学生在褐色眼睛的学生脖子上绑上一条咖啡色的领巾。别小看这条领巾，因为这代表着一种特殊标记。如果你还可以通过闭眼或者眯眼来隐藏自己眼睛的颜色，那么这条领巾就把你的特殊性，把另一个群体对你的歧视，赤裸裸地呈现出来了。接着，他对班上的同学们说："我发现蓝色眼睛的同学很聪明，所以你们可以享受一些特权，比如午休多睡一个小时，多吃一些食物，某些游戏只有你们可以玩。而褐色眼睛的小伙伴，因为你们不好，你们太笨了，所以你们的待遇比较差：在蓝眼睛的同学玩的时候你们要待在一边；你们的午休时间短一点，吃的也差一点；如果做错了事情，你们还要受到双倍的惩罚。"

艾略特这个实验的逻辑就是把两组孩子分开，让蓝色眼睛的孩子变得高人一等，让褐色眼睛的孩子变得低人一等。接下来，只要蓝色眼睛的学生做事，他都夸奖；而无论褐色眼睛的学生做什么事，他都会挑出瑕疵并严厉批评。就这样，一堂课才上了 50 分钟，实验已经开始变质，这些孩子之间很快出现了歧视的行为。蓝色眼睛的孩子开始嘲笑甚至戏弄和打击褐色眼睛的孩子。更神奇的是，艾略特发现，蓝色眼睛的孩子越来越自信了，而且他们的反应速度、学习效率等都远远高于褐色眼睛的学生。为什么？因为当一群孩子被优待时，他们自然觉得自己天生值得被优待，他们要付出努力维持这种优待。如此一来，蓝色眼睛的孩子更加自信，而褐色眼睛的孩子更加自卑。甚至很多褐色眼睛的孩子回到家后还深陷在沮丧的情绪中。父母问他们发生了什么？他们只是拼命地摇头。

在第二天的实验中，艾略特把实验规则反了过来，他告诉学生们自己之前搞错了，其实应该是褐色眼睛的孩子比较优秀。艾略特说："你们把领巾给蓝色眼睛的孩子吧。"因为这个实验全程录像，我后来看这个实验的视频时发现，当领巾被换给蓝色眼睛的孩子时，蓝色眼睛的孩子瞬间害怕了起来，而褐色眼睛的孩子竟然露出了笑容。估计他们是在想："你们也有今天。"在后续的实验中，褐色眼睛的孩子虽然表现得很自傲，但他们因为之前体验过被歧视的痛苦，所以产生了一些同理心，过分的言语反而减少了一些。同样很快地，褐色眼睛的孩子的学习成绩变得越来越好。我想你现在应该能猜出出现这种情况的原因了，就是褐色眼睛的孩子也想要通过努力配得上他们获得的优待。

当你开始不停地夸一个孩子时，这个孩子会想尽一切办法来证明你对他的夸奖是对的。就像如果你周围的人都觉得你是个很厉害、很优秀，甚至很强大的人，你是不是就会想尽一切办法维持别人对你的这个评价，以免让他们失望呢？因为人天生就希望自己可以超越过去的自卑。所以当你把孩子当成好学生来看待时，他自然拥有了超越自卑的勇气，之后真的成为好学生。

2006 年，加拿大的一个记者也效仿艾略特的实验，他跟一个小学老师合作，录制了一个纪录片。他把学生分成了高个子和矮个子两组，然后告诉他们："有非常全面且详细的实验表明，矮个子的人比较优秀，可以享有特权。"和之前艾略特的实验一样，到了第二天，他又告诉学生们："我搞错了，高个子的人才是优秀的，才享有特权。"最后这个实验所得出的结论，和之前艾略特所做的实验的结论是一模一样的。

所以，**怎么让自己的孩子成为好孩子呢？答案很简单，就是你要从内心深处认为他是优秀的、有潜力的。给他足够的爱，不吝啬地去表扬他，这样他自然能慢慢变成好孩子。**

这并不是玄学，也不是所谓的吸引力法则，而是顺着人性行事的结果。

你觉得信任和期待能否让孩子成为好孩子？你曾经试过

或愿意尝试吗？

沟通话术：
怎么让别人信任你？

在这一节中，我继续来跟你分享如何利用人性成事。在上一节中，我说到当一个孩子受到重视，受到他人的认可时，他会想尽一切办法证明自己真的这样优秀。这种成事逻辑表现在沟通上，就叫"非你不可"，比如你要请一个人吃饭，他不去，这个时候你应该加一句："唉，你要是不来的话，这个局做不起来，我们这么多人都在等你呢。"这就是"非你不可"的沟通方式。很多能成事的人并不是有多厉害，而是他会顺应人性来做事。下面我就分享几种顺应人性交朋友的方式。

为什么有些人跟任何人交朋友的速度都非常快？为什么很多人能很快交到"走心"的朋友？就是因为他们会使用这一招——"非你不可"。

每个人都希望被独特对待，当你没有被独特对待时，你要想办法独特对待别人，怎么独特对待别人呢？我给大家分享四个重要的办法，这四个办法无论在商业中，还是在家庭关系中都很实用，也能帮助你交上朋友。

第一，记住他人的特别性。什么叫作特别性？记住名字是第一步，也是最基础的一步。在团队合作中，我们只要花 5 分钟互相介绍一下彼此的名字，接下来的合作就会有效很多。因为每个人都有希望被人记住的需要，当这种需要被满足时，他们就会更配合。我见过一个朋友，他每次接触一个新朋友时都会问："你的生日是什么时候啊？"然后就在微信上标注对方的生日，以至于跟他聊天、见面时，会听到他说："你的生日快到了。"有一次他跟我说："我记得你的生日快到了吧。"我很惊讶地说："你的记忆力这么好吗？"他说："因为我给你的微信标签上备注了你的生日，所以我能随时看到。"那一刻。我感觉到自己被深深地尊重了。所以，有时候你不妨在你的微信上标注一下某个人的特殊性，比如他的孩子在哪儿上学，他的老婆老家在哪儿，他的公司是一个什么样规模的企业。记住对方的特殊性，能瞬间拉近你和对方的距离。

第二，永远保持友善的微笑。我曾经在跟陌生人交流时，听到他们说："跟你聊天很舒服，你都没什么架子。"我问他们为什么？他们的意思都是说："因为你脸上总是会有微笑。哪怕你讲一个严肃而深刻的话题，你都会很快给我一个微笑。"

于是我才明白，微笑是人和人之间最好的黏合剂。

有一次，我跟一家媒体合作，这家媒体的小姑娘很明显刚刚进入这个行业。我跟她讲话时，她一脸严肃，连我跟她讲一个笑话，她都只是面无表情地看着我，把我都给弄得紧张了。很快，我内心深处跟她产生了深深的隔阂，因为我认为她可能不喜欢我。可是没过多久，我突然意识到，她并不是不喜欢我，而是太紧张、太害怕了。这种紧张和害怕让她觉得笑好像不合时宜，于是只能表情严肃，而这让我误以为她讨厌我，于是我也不愿意继续跟她聊下去了。

在工作中，一次两次这样的表现可能影响并不大，但如果她与陌生人沟通时一直这样，那实在不利于工作的开展。所以，如果你想让更多人把你当成好朋友，那么请你记得保持微笑。

为什么我们喜欢看脱口秀？为什么我们喜欢看相声小品？因为笑的时候，人是解压的，只有在没有压力可以放心大胆笑的地方，人才会彻彻底底地把内心表现出来。所以你发现这世界上有很多优秀的商人，他们都很会笑，甚至他们在私下跟你交流的时候，脸上都带着一种淡淡的微笑。微笑是拉近你们之间距离最好的方法。这也是人性的奥秘。

第三，多听少说。一个真正聪明的人，一个会利用人性成事的人，不会在任何一个场合中都滔滔不绝地讲。当你只顾着滔滔不绝地讲话时，你听到的信息就越来越少，你就会越来越无知。原因是你只是在不停地重复你已知的东西，而忘了人需要更多的输入才可能有更好的输出。所以，当你在面对很多人或并不清楚对方的身份、能力时，最好的应对方式就是"三年学说话，一生学闭嘴"，多听少说。我见过一个刚失恋的男生，他跟我滔滔不绝地讲了四个小时，在咖啡厅里一边讲一边哭，结束后对我说了一句"跟你聊天真好"，但实际上，在整个过程中我几乎没有说话，全部都是在听他说。他说跟我聊天太高兴了，我心想其实我什么也没说啊。但就是这么简单的倾听，把我跟他之间的距离瞬间拉近了。

第四，要学会对别人的事情感兴趣。我知道这世界上有很多东西你并不感兴趣，比如我其实对高尔夫球、马术都没有兴趣，甚至觉得很无聊。但是每次我的合作方讲到怎么打高尔夫球时，我都会对他说："哇，好厉害，你再讲讲呗。"这样的话说多了，他们会觉得我真的感兴趣，然后开始跟我讲更多的东西，我们的关系一下子就拉近了。殊不知我并非对此感兴趣，只是我已经熟悉了人性的弱点。因为我知道一个聪明的人，应该喜怒不形于色。

有一些上了年纪的人特别爱讲话，如果你了解人性，你就知道，他无非是想表达自己曾经完成过的"壮举"。他希望自己的独特经历被更多的人看到，他想要去吹嘘一下自己的青春没有白过。

那么我是怎么跟他们交流的呢？答案也是一句话：学会对他们说的话感兴趣。所以我的身边有很多年纪比较大的朋友，**因为我有一招特别厉害的沟通话术，叫"一路走来"**。跟任何人聊天，只要你对他说"您这一路走来真不容易，您是怎么走到今天的"，这时他就会滔滔不绝地讲起来。当他滔滔不绝地说话时，你只要做出"嗯，您真厉害"这样的回应，就会发现你跟他的关系一下子就拉近了。

我想这也就是我跟我的读者关系都不错的原因。因为你们听我滔滔不绝地讲到了这儿，还没有放弃去听我说，我真的很感谢你们。你看，其实我也掉入了自己设计的心理学陷阱，这就是人性的奥秘。

思考题

你在和别人聊天时，是擅长说还是擅长听呢？

掌控人性：
用反人性的方式去成长

　　这本书的内容到这里就要接近尾声了，我相信你已经收获了很多启发。无论你对哪句话、哪个实验、哪篇文章，或者哪个观点有所感悟，我都知道，你可能已经对人性有了更多的了解。

　　从某个角度来说，人多多少少都有贪小便宜的心理，有时候甚至还有点自私、虚荣、恐惧、爱听好话，这些都是人的天性。当然，人性里更多的是善良的部分。无论如何，你要了解人性才能掌控人性。

　　我在 2020 年创业时遇到了好几个低谷期，其中一个低谷就是融资迟迟不到位，那个时候我的员工和合作伙伴们都人心惶惶。其间，我为了填平窟窿到处去拉投资，但还是没能解决这个难题。终于有一次，我扛不住了，决定找人借钱。当时我想到的第一个人就是曾经向我借钱的一个朋友，在他生活窘迫的时候我曾经借给他三十万元。但我刚开口向他借钱时，他却说："如果你只是借个几千块，我现在就可以打给你，多的我也没有。"我什么也没说，因为我知道，他只是不愿意借给我而已，前段时间他生意做得很好，手头不会没有钱的。于是我对人性有了更深刻的理解：人们总是不愿意雪中送炭，只愿意锦上添花。

于是，在接下来的日子里，我频繁发朋友圈。一会儿晒我跟大佬们的合照，一会儿晒我直播达到多少销售额的战报；一会儿晒我的新书计划，一会儿又晒我今天喝的茅台酒。但其实，这些照片都是以前的"库存"。我已经连续好几天都只能吃泡面了。

但有趣的事情发生了，没过多久，那个朋友给我打了一个电话，说他凑够了几十万可以借给我，还让我别着急，资金肯定没问题的。那几天，我明显感觉到我的势能回来了，有人来给我投资，有人来找我合作。也就是那段时间，我们公司拿到了两个王牌项目，我的现金流一下子就有了。

你看，我没有抱怨指责，也没有痛斥人性之恶，我只是利用了人性，就从低谷中走了出来。对于人性你需要看透它，需要学会自己给自己指路。

所以，不要轻言人性善恶，也不要执着于人性的对错，你要做的是去学习人性，懂得人性，遵循人性的规律，利用人性以成大事。

顺着人性成事，逆着人性成长。人虽然在变化，但人性其实从来没有变过。比如，人永远是懒惰的，永远感觉走不如站，站不如坐，坐不如躺，躺不如睡。看看我们，多少人一闲下来，就只想着刷刷短视频、追追剧、打打游戏，喜欢看书的都是少数，我们不喜欢复杂的事物，不愿意学习，也不想成长。

但厉害的人，他们会逆着人性去努力，从而让自己变得不一样。我见过的大多数人每年都一样，从他二十岁时的模样，就能看到他八十岁时的状态。但只有极少数的人，能像橡皮泥一样，每年都不一样，甚至每一天都在更新。这样的人，才是我们希望成为的。

谢谢你喜欢这本书，愿你每天都有成长！

思考题

读完这本书后，你获得的最大的启发是什么呢？